PLC、变频器、伺服电机、触摸屏与组态软件

综合应用详解

智控科技　编著

化学工业出版社

·北京·

内容简介

本书以彩色图解的方式系统讲解了以 PLC 为核心的控制系统相关技术及应用，详细介绍了 PLC 电气控制常用部件、变频器与变频控制技术、机器人控制线路与伺服电机、触摸屏操作与编程以及组态软件等关键技术知识，并深入剖析了西门子 PLC 和三菱 PLC 在各类控制中综合应用的典型案例。本书旨在助力读者深化对 PLC 与电气控制系统的理解，并将学到的理论知识有效应用于实际工程中。

本书内容体系完整、知识结构清晰、讲解重点突出、案例丰富实用。为方便读者学习，本书配备了二维码视频，对重要的知识点进行辅助讲解。

本书适合从事 PLC 与控制系统设计的技术人员学习使用，也可供大中专院校相关专业的师生参考。

图书在版编目（CIP）数据

PLC、变频器、伺服电机、触摸屏与组态软件综合应用详解/智控科技编著. —北京：化学工业出版社，2024.7
ISBN 978-7-122-45566-6

Ⅰ.①P… Ⅱ.①智… Ⅲ.①PLC技术 Ⅳ.①TM571.61

中国国家版本馆CIP数据核字（2024）第093134号

责任编辑：于成成 李军亮
责任校对：李露洁 装帧设计：王晓宇

出版发行：化学工业出版社（北京市东城区青年湖南街13号 邮政编码100011）
印 装：北京瑞禾彩色印刷有限公司
710mm×1000mm 1/16 印张16 字数325千字 2025年1月北京第1版第1次印刷

购书咨询：010-64518888 售后服务：010-64518899
网 址：http://www.cip.com.cn
凡购买本书，如有缺损质量问题，本社销售中心负责调换。

定 价：88.00元 版权所有 违者必究

　　可编程控制器（PLC)是现代工业控制技术的核心，其以稳定性、灵活性和高可靠性被广泛应用于各种自动控制系统中。随着各种生产制造过程对自动化和信息化技术的要求越来越高，掌握复杂自动控制系统的设计与运维成为工控技术人员的重要学习和发展方向。PLC与变频器、伺服电机、触摸屏、组态软件等的综合应用，可以提高工业生产自动化水平，实现对设备的高精度控制，满足现代制造业对复杂工艺和精密加工的需求。本书旨在为读者提供一个全面、深入的PLC及其控制系统应用指南，帮助读者掌握以PLC为核心的复杂控制系统的设计与应用。

　　本书注重理论与实际结合，通过大量彩色原理图、接线图和实物图，对PLC电气控制常用部件、变频器与变频控制技术、机器人控制线路与伺服电机、触摸屏操作与编程以及组态软件等进行了详细的介绍。全书共分为10章：第1章介绍PLC周边的各种电气部件，如电源开关、按钮开关、限位开关等，通过理解它们的功能特点和控制过程，读者可以构建起对PLC控制系统的基础认识。第2章探讨了变频器及其在变频控制技术中的应用，如变频器的功能和结构及其在电动机驱动中的控制策略和技术细节。第3章聚焦于数控设备和机器人控制线路，介绍了步进电机、伺服电机控制电路的设计和实现，以及机器人控制电气系统设计。第4~6章分别介绍了西门子Smart 700 IE V3、三菱GOT-GT11和三菱GOT-GT16触摸屏的结构、安装、操作和编程等。第7~8章介绍了GT Designer3和WinCC flexible Smart两种组态软件的使用。第9~10章则将理论与实践结合起来，通过分析PLC在不同行业和设备中的综合应用案例，如车床、磨床、钻床和汽车清洗等，使读者能够更好地理解和运用PLC技术解决实际工程问题。

本书内容体系完整、知识结构清晰、讲解重点突出、案例丰富实用，所选案例均为实际应用案例。在内容表达上充分发挥图解特色，对编程指令含义与控制过程逐步讲解，通俗易懂。为方便读者学习，本书还配备了二维码视频，力求为读者提供一本全面、系统、实用的三菱 PLC 编程与应用指南。

本书适合工控领域从事 PLC 与控制系统设计的技术人员学习使用，也可供大中专院校相关专业的师生参考。

本书由智控科技编写。由于水平有限，编写时间仓促，书中难免会出现一些疏漏，欢迎读者指正，也期待与您的技术交流。如有任何问题，请发邮箱 :chinadse@126.com.

编著者

第 1 章
电气控制常用部件　001

第 4 章
西门子 Smart 700 IE V3 触摸屏　081

第 5 章

三菱 GOT-GT11 触摸屏 101

第 6 章

三菱 GOT-GT16 触摸屏 134

第 7 章
触摸屏编程 161

第 8 章
WinCC flexible Smart 组态软件 190

第 9 章
西门子 PLC 综合控制应用案例 202

第 10 章
三菱 PLC 综合控制应用案例　　226

本书二维码视频清单

序号	标题	页码
1	电源开关的结构和控制方式	002
2	按钮开关的控制方式	004
3	交流接触器的结构和电路控制	010
4	热继电器的结构和控制方式	012
5	传感器的种类	014
6	速度继电器	015
7	变频器的结构特点	025
8	逆变电路实现变频的控制过程	032
9	典型变频空调器的变频电路	036
10	机电设备中变频电路的应用特点	041
11	步进电动机驱动控制电路	046
12	采用 TA8435 芯片的步进电动机驱动控制线路	048
13	采用 LM675 芯片的伺服电动机驱动控制线路	055
14	采用 TMS320LF2407 数字信号控制器的主轴电动机控制线路	072
15	机器人直流电动机的供电和驱动线路	079
16	西门子 Smart 700 IE V3 触摸屏介绍	082
17	GT Designer3 触摸屏编程软件	165
18	平面磨床 PLC 控制系统	212
19	电动葫芦的 PLC 控制电路	227
20	混凝土搅拌机 PLC 控制系统	233

第 **1** 章

电气控制常用部件

1.1 电源开关的功能特点

1.1.1 电源开关的结构

电源开关在 PLC 控制电路中主要用于接通或断开整个电路系统的供电电源。目前，在 PLC 控制电路中常采用断路器作为电源开关使用。

断路器是一种切断和接通负荷电路的器件，该器件具有过载自动断路保护的功能，如图 1-1 所示。

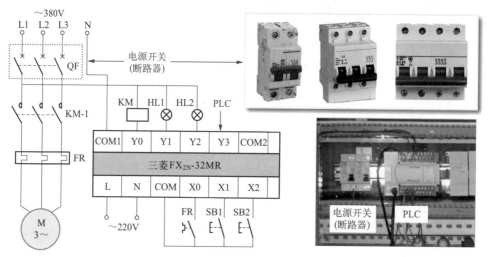

图 1-1　PLC 控制电路中的电源开关（断路器）

断路器作为线路的通断控制部件，从外观来看，主要由输入端子、输出端子、操作手柄构成，如图 1-2 所示。其中，输入、输出端子分别连接供电电源和负载设备，开关手柄用于控制断路器内开关触点的通断状态。

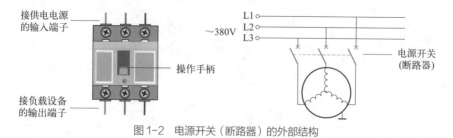

图 1-2　电源开关（断路器）的外部结构

拆开断路器的塑料外壳可以看到，其主要是由塑料外壳、脱扣器装置、触点、接线端子、操作手柄等部分构成的，如图 1-3 所示。

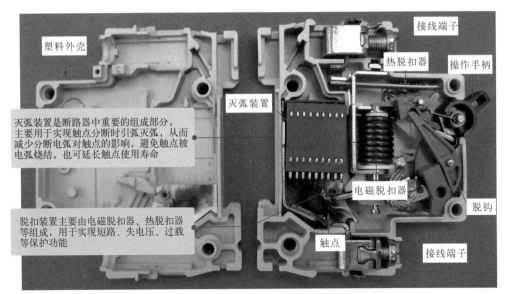

图1-3 电源开关（断路器）的内部结构

接线端子

塑料外壳

热脱扣器

操作手柄

灭弧装置

灭弧装置是断路器中重要的组成部分，主要用于实现触点分断时引弧灭弧，从而减少分断电弧对触点的影响，避免触点被电弧烧结，也可延长触点使用寿命

电磁脱扣器

脱钩

脱扣装置主要由电磁脱扣器、热脱扣器等组成，用于实现短路、失电压、过载等保护功能

触点

接线端子

1.1.2 电源开关的控制过程

电源开关的控制过程就是其内部触点接通或切断两侧线路的过程，如图1-4所示。当电源开关未动作时，其内部常开触点处于断开状态，切断供电电源，负载设备无法得电；拨动电源开关的操作手柄，其内部常开触点处于闭合状态，供电电源经电源开关后送入电路中，负载设备得电。

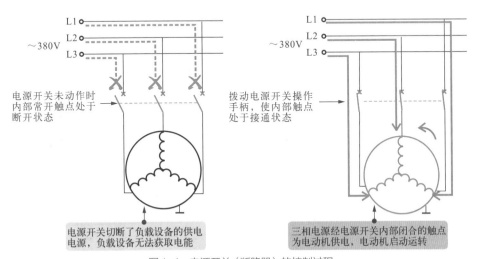

电源开关未动作时内部常开触点处于断开状态

拨动电源开关操作手柄，使内部触点处于接通状态

电源开关切断了负载设备的供电电源，负载设备无法获取电能

三相电源经电源开关内部闭合的触点为电动机供电，电动机启动运转

图1-4 电源开关（断路器）的控制过程

1.2 按钮开关的功能特点

1.2.1 按钮开关的结构

按钮开关的控制方式

按钮是一种手动操作的电气开关。在 PLC 控制系统中，主要接在 PLC 的输入接口上，用来发出远距离控制信号或指令，向 PLC 内控制程序发出启动、停止等指令，从而达到对负载的控制，如电动机的启动、停止、正 / 反转。

常见按钮根据触点通断状态不同，有常开按钮、常闭按钮和复合按钮三种，如图 1-5 所示。

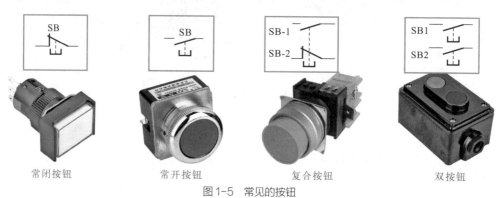

图 1-5　常见的按钮

不同类型的按钮，内部触点的初始状态不同。拆开外壳可以看到其主要是由按钮帽（操作头）、连杆、复位弹簧、动触点、常开静触点或常闭静触点等组成的，如图 1-6 所示。

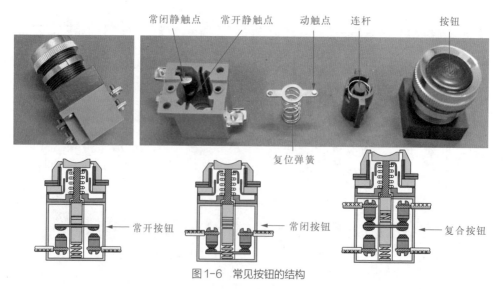

图 1-6　常见按钮的结构

1.2.2 按钮开关的控制过程

按钮的控制关系比较简单，主要通过其内部触点的闭合、断开状态来控制线路的接通、断开。根据按钮的结构不同，其控制过程有一定差别。

（1）常开按钮的控制过程

PLC 控制电路中，常用的常开按钮主要为不闭锁的常开按钮，如图 1-7 所示。

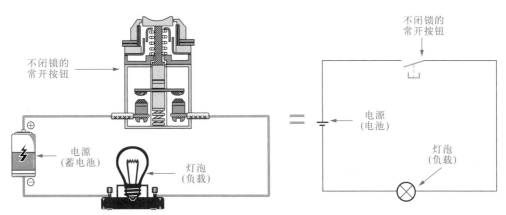

图 1-7　常开按钮的电气连接关系

在按下按钮前，内部触点处于断开状态；按下时内部触点处于闭合状态；当手指放松后，按钮自动复位断开，常用作启动控制按钮，如图 1-8 所示。

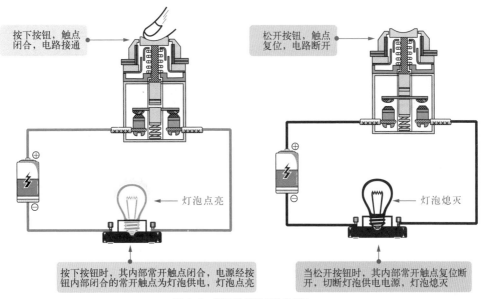

图 1-8　常开按钮的控制过程

（2）常闭按钮的控制过程

PLC 控制电路中，常用的常闭按钮主要为不闭锁的常闭按钮，在按下按钮前，内部触点处于闭合状态；按下按钮后，内部触点断开；松开按钮后，触点又自动复位闭合，常被用作停止控制按钮，如图 1-9 所示。

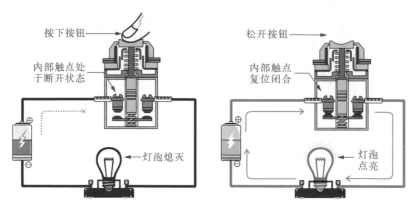

图 1-9　常闭按钮的控制过程

（3）复合按钮的控制过程

复合按钮内部有两组触点，分别为常开触点和常闭触点。操作前，常闭触点闭合、常开触点断开；按下按钮后，常闭触点断开、常开触点闭合；松开按钮后，常闭触点复位闭合、常开触点复位断开，如图 1-10 所示。

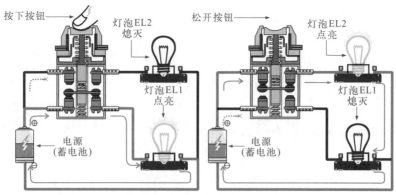

图 1-10　复合按钮的控制过程

按下按钮，常开触点闭合，接通灯泡 EL1 的供电电源，灯泡 EL1 点亮；常闭触点断开，切断灯泡 EL2 的供电电源，灯泡 EL2 熄灭。

松开按钮，常开触点复位断开，切断灯泡 EL1 的供电电源，灯泡 EL1 熄灭；常闭触点复位闭合，接通灯泡 EL2 的供电电源，灯泡 EL2 点亮。

1.3 限位开关的功能特点

1.3.1 限位开关的结构

限位开关又称为行程开关或位置检测开关，是一种小电流电气开关，可用来限制机械运动的行程或位置，使运动机械实现自动控制。

按限位开关结构不同，可以将其分为按钮式、单轮旋转式和双轮旋转式三种，如图 1-11 所示。

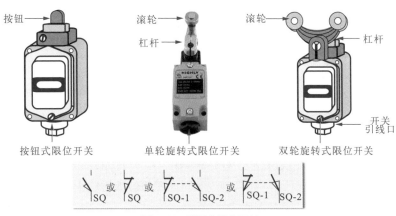

图 1-11　常见的限位开关

限位开关根据其类型不同，内部结构也有所不同，但基本都是由触杆（或滚轮及杠杆）、复位弹簧、常开触点、常闭触点等部分构成的，如图 1-12 所示。

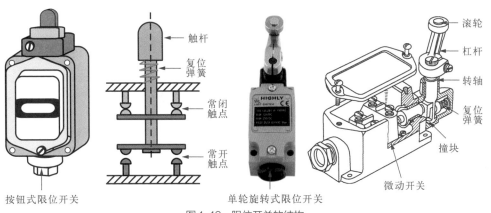

图 1-12　限位开关的结构

1.3.2 限位开关的控制过程

按钮式限位开关由按钮触杆的按压状态控制内部常开触点和常闭触点的接通或闭合。当撞击或按下按钮式限位开关的触杆时，触杆下移使常闭触点断开，常开触点闭合；当运动部件离开后，在复位弹簧的作用下，触杆回复到原来位置，各触点恢复常态，如图1-13所示。

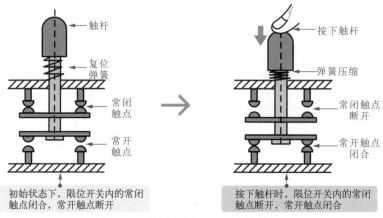

图1-13　按钮式限位开关的控制过程

单轮或双轮旋转式限位开关的控制过程基本相同。当单轮旋转式限位开关被控机械上的撞块撞击带有滚轮的杠杆时，杠杆转向右边，带动滚轮转动，顶下杠杆，使微动开关中的触点迅速动作。当运动机械返回时，在复位弹簧的作用下，各部分动作部件均恢复初始状态，如图1-14所示。

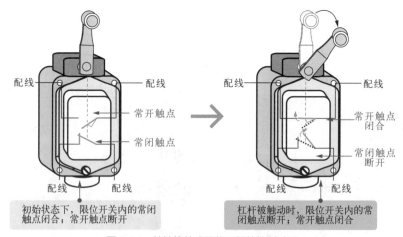

图1-14　单轮旋转式限位开关的控制过程

1.4　接触器的功能特点

1.4.1　接触器的结构

接触器是一种由电压控制的开关装置，适用于远距离频繁地接通和断开交直流电路的系统中。接触器属于一种控制类器件,是电力拖动系统、机床设备控制电路、PLC 自动控制系统中使用最广泛的低压电器之一。

根据接触器触点通过电流的种类,主要可分为交流接触器和直流接触器两类,如图 1-15 所示。

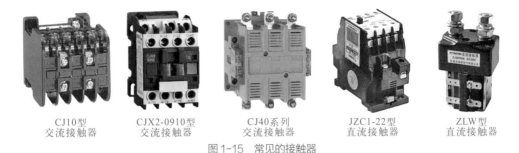

CJ10型
交流接触器

CJX2-0910型
交流接触器

CJ40系列
交流接触器

JZC1-22型
直流接触器

ZLW型
直流接触器

图 1-15　常见的接触器

接触器作为一种电磁开关,其内部主要是由控制电路接通与分断的主触点、辅触点及电磁线圈、静铁芯、动铁芯等部分构成的。一般,拆开接触器的塑料外壳即可看到其内部的基本结构,如图 1-16 所示。

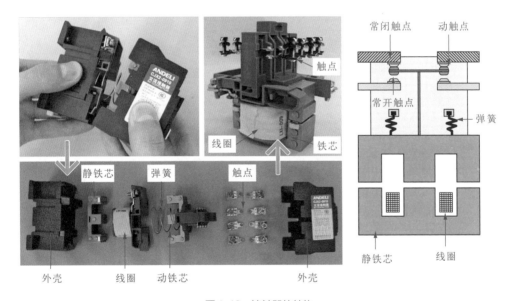

图 1-16　接触器的结构

1.4.2　接触器的控制过程

接触器的工作过程就是指通过其内部线圈的得电、失电来控制铁芯吸合、释放,从而带动其触点动作的过程。

一般情况下,接触器线圈连接在控制电路或 PLC 输出接口上,接触器的主触点连接在主电路中，用以控制设备的通断电，如图1-17所示。

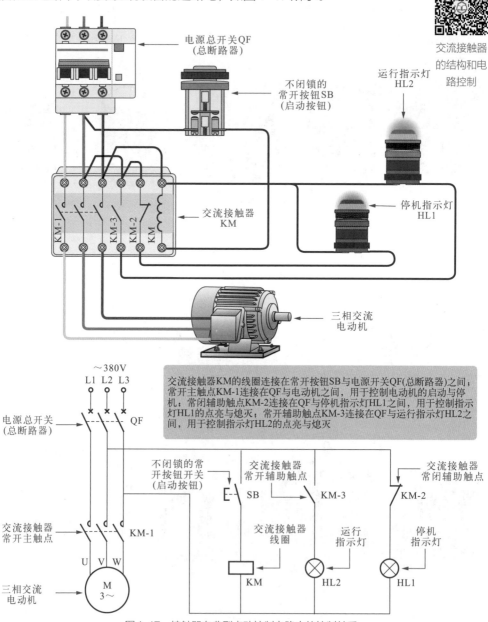

图1-17　接触器在典型点动控制电路中的控制关系

当操作接触器所在线路中的启动按钮，接触器线圈得电时，其铁芯吸合，带动常开触点闭合，常闭触点断开；当线圈失电时，其铁芯释放，所有触点复位，如图1-18所示。

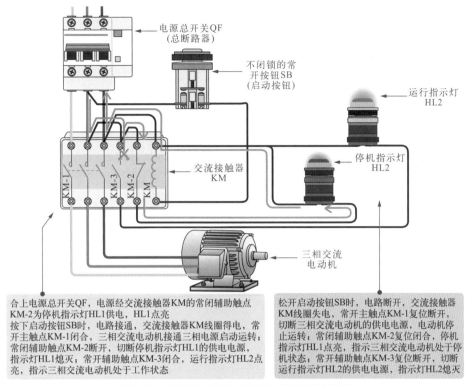

电源总开关QF
（总断路器）

不闭锁的常
开按钮SB
（启动按钮）

运行指示灯
HL2

交流接触器
KM

停机指示灯
HL2

三相交流
电动机

合上电源总开关QF，电源经交流接触器KM的常闭辅助触点KM-2为停机指示灯HL1供电，HL1点亮
按下启动按钮SB时，电路接通，交流接触器KM线圈得电，常开主触点KM-1闭合，三相交流电动机接通三相电源启动运转；常闭辅助触点KM-2断开，切断停机指示灯HL1的供电电源，指示灯HL1熄灭；常开辅助触点KM-3闭合，运行指示灯HL2点亮，指示三相交流电动机处于工作状态

松开启动按钮SB时，电路断开，交流接触器KM线圈失电，常开主触点KM-1复位断开，切断三相交流电动机的供电电源，电动机停止运转；常闭辅助触点KM-2复位闭合，停机指示灯HL1点亮，指示三相交流电动机处于停机状态；常开辅助触点KM-3复位断开，切断运行指示灯HL2的供电电源，指示灯HL2熄灭

图1-18　接触器在典型点动控制电路中的控制过程

提示说明　　接触器线圈得电后，铁芯吸合；接触器线圈失电后，铁芯释放，如图1-19所示。

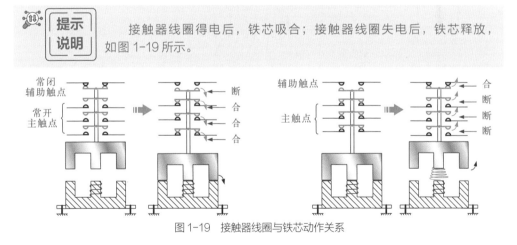

常闭辅助触点

常开主触点

断合合合

辅助触点

主触点

合断断断

图1-19　接触器线圈与铁芯动作关系

1.5　热继电器的功能特点

1.5.1　热继电器的结构

　　热继电器是利用电流的热效应原理实现过热保护的一种继电器。它是一种电气保

护元件，主要由复位按钮、热感应器件（双金属片）、触点、动作机构等部分组成，如图 1-20 所示。

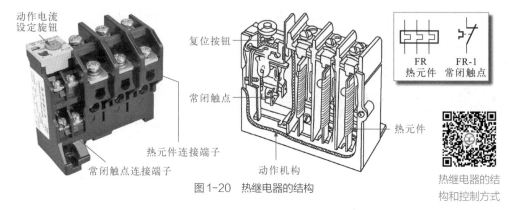

图 1-20　热继电器的结构

热继电器利用电流的热效应来推动动作机构，使触点闭合或断开，主要用于电动机及其他电气设备的过载保护。

1.5.2　热继电器的控制过程

热继电器一般安装在主电路中，用于主电路中负载电动机（或其他电气设备）的过载保护，如图 1-21 所示。

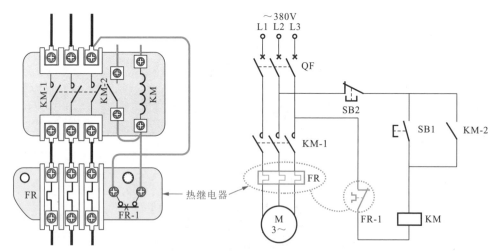

图 1-21　热继电器的控制过程

在电路中，热继电器根据运行状态（正常情况和异常情况）起到控制作用。

当电路正常工作，未出现过载过热故障时，热继电器的热元件和常闭触点都相当于通路串联在电路中，如图 1-22 所示。

正常情况下，合上电源总开关 QF，按下启动按钮 SB1，热继电器的常闭触点

FR-1 接通，控制电路的供电，交流接触器 KM 线圈得电，常开主触点 KM-1 闭合，接通三相交流电源，电源经热继电器的热元件 FR 为三相交流电动机供电，三相交流电动机启动运转；常开辅助触点 KM-2 闭合，实现自锁功能，即使松开启动按钮 SB1，三相交流电动机仍能保持运转状态。

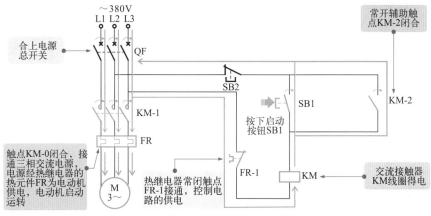

图 1-22 电路正常时热继电器的工作状态

当电路异常导致电路电流过大，其引起的热效应将引起热继电器中的热元件动作，其常闭触点将断开，断开控制部分，切断主电路电源，起到保护作用，如图 1-23 所示。

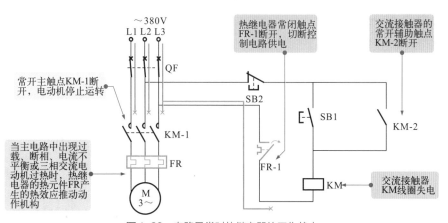

图 1-23 电路异常时热继电器的工作状态

当主电路中出现过载或过热故障，导致电流过大，且电流超过热继电器的设定值，并达到一定时间后，热继电器的热元件 FR 产生的热效应会推动动作机构。使其常闭触点 FR-1 断开，切断控制电路供电电源，交流接触器 KM 线圈失电；常开主触点 KM-1 复位断开，切断电动机供电电源，电动机停止运转；常开辅助触点 KM-2 复位断开，解除自锁功能，从而实现了对电路的保护作用。

待主电路中的电流正常或三相交流电动机温度逐渐冷却时，热继电器 FR 的常闭触点

FR-1复位闭合，再次接通电路，此时只需重新启动电路，三相交流电动机便可启动运转。

1.6 其他常用电气部件的功能特点

传感器的种类

1.6.1 传感器的功能特点

传感器是用于检测信号和变换信号的器件，它可以将各种环境参量（如物理量）转换成电信号，是指能感受并能按一定规律将所感受的被测物理量或化学量等（如温度、湿度、光线、速度、浓度、位移、重量、压力、声音等）转换成便于处理与传输的电量的器件或装置。简单说，传感器是一种将感测信号转换为电信号的器件。

图1-24为几种常见的传感器。

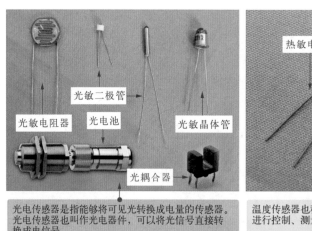

光电传感器是指能够将可见光转换成电量的传感器。光电传感器也叫作光电器件，可以将光信号直接转换成电信号

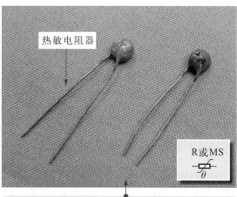

温度传感器也称为热-电传感器，用于各种需要对温度进行控制、测量、监视及补偿等场合

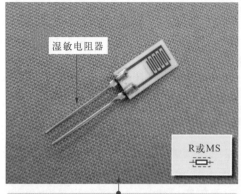

湿度传感器是对环境湿度比较敏感的器件，电阻值会随环境湿度的变化而变化，多用于对环境湿度进行测量及控制

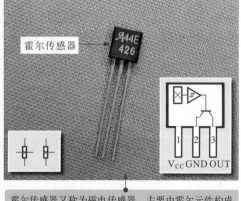

霍尔传感器又称为磁电传感器，主要由霍尔元件构成。目前广泛应用于机械测试及自动化测量领域

图1-24 几种常见的传感器

1.6.2 速度继电器的功能特点

速度继电器主要与接触器配合使用，实现电动机控制系统的反接制动。常用的速度继电器主要有 JY1 型、JFZ0-1 型和 JFZ0-2 型，如图 1-25 所示。

速度继电器

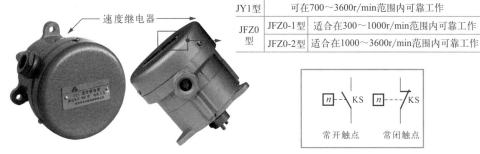

JY1型		可在700～3600r/min范围内可靠工作
JFZ0 型	JFZ0-1型	适合在300～1000r/min范围内可靠工作
	JFZ0-2型	适合在1000～3600r/min范围内可靠工作

图 1-25　典型速度继电器的实物外形

提示说明　如图 1-26 所示，速度继电器主要是由转子、定子和触点三部分组成的，在电路中，通常用字母"KS"表示。速度继电器常用于三相异步电动机反接制动电路中，工作时其转子和定子是与电动机相连接的。当电动机的相序改变，反相转动时，速度继电器的转子也随之反转，由于产生与实际转动方向相反的旋转磁场，从而产生制动力矩，这时速度继电器的定子就可以触动另外一组触点，使之断开或闭合。

当电动机停止时，速度继电器的触点即可恢复原来的静止状态。

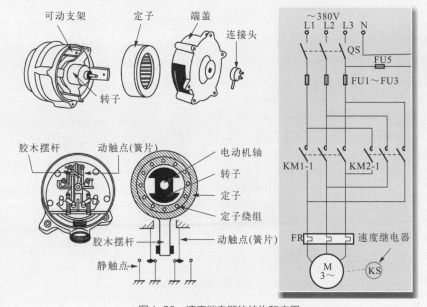

图 1-26　速度继电器的结构和应用

1.6.3 电磁阀的功能特点

电磁阀是一种用电磁控制的电气部件，可作为控制流体的自动化基础执行器件。在 PLC 自动化控制领域中，可用于调整介质（液体、气体）的方向、流量、速度等参数，如图 1-27 所示。

图 1-27 典型电磁阀实物外形

电磁阀的种类多种多样，具体的控制过程也不相同。以常见的排水用的弯体式电磁阀为例，其工作的过程就是通过电磁阀线圈的得电、失电来控制内部机械阀门开、闭的过程，如图 1-28 所示。

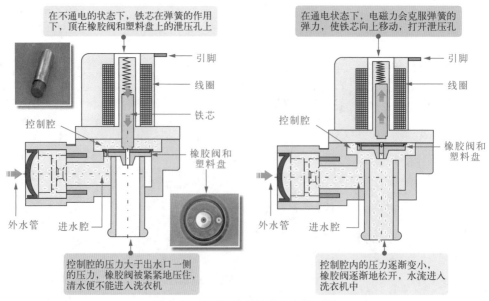

图 1-28 典型弯体式电磁阀的控制过程

1.6.4 指示灯的功能特点

指示灯是一种用于指示线路或设备的运行状态、起到警示等作用的指示部件，如图 1-29 所示。

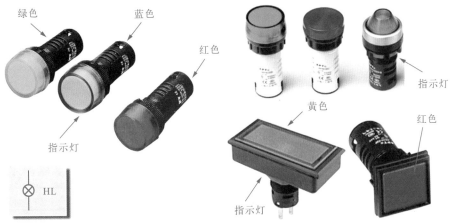

图 1-29　典型指示灯的实物外形

指示灯的控制过程比较简单，通常获得供电电压即可点亮；失去工作电压即熄灭。另外在一定设计程序的控制下还可实现闪烁状态，用以指示某种特定含义，如图 1-30 所示。

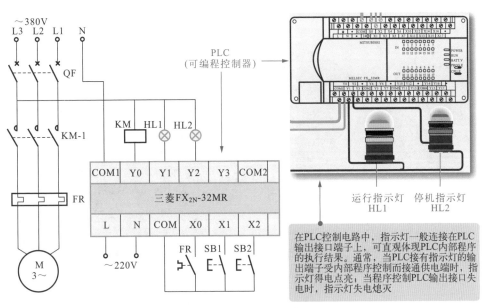

图 1-30　指示灯的控制关系

第 **2** 章

变频器与变频控制

2.1　变频器

2.1.1　变频器的功能特点

变频器的英文名称为 VFD 或 VVVF，是一种集启停控制、变频调速、显示及按键设置功能、保护功能等于一体的电动机控制装置，主要用于需要调整转速的设备中，既可以改变输出的电压又可以改变频率（即可改变电动机的转速）。

图 2-1 所示为变频器的功能原理图。从图中可以看到，变频器用于将频率一定的交流电源转换为频率可变的交流电源，从而实现对电动机的启动及对转速的控制。

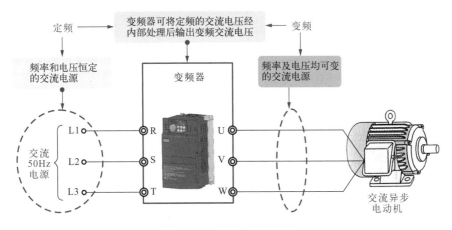

图 2-1　变频器的功能原理图

（1）变频器的启停控制功能

变频器收到启动和停止指令后，可根据预先设定的启动和停车方式控制电动机的启动与停机。其主要的控制功能包含变频启动控制、加 / 减速控制、停机及制动控制等。

① 变频启动功能。电动机的启动控制方式大致可以分为硬启动方式、软启动方式和变频启动方式。

图 2-2 所示为电动机的硬启动方式。可以看到，电源经开关直接为电动机供电，由于电动机处于停机状态，为了克服电动机转子的惯性，绕组中的电流很大，在大电流作用下，电动机转速迅速上升，在短时间内（小于 1s）到达额定转速，在转速为 N_K 时转矩最大。这种情况转速不可调，其启动电流为运行电流的 6 ~ 7 倍，因而启动时电流冲击很大，对机械设备和电气设备都有较大的冲击。

图 2-3 所示为电动机的软启动方式。可以看到，在软启动方式中，由于采用了降压启动方式，使加给电动机的电压缓慢上升，延长了电动机从停机到额定转速的时间，因而启动电流为运行电流的 2 ~ 3 倍。正常运行状态时的电流与硬启动方式相同。

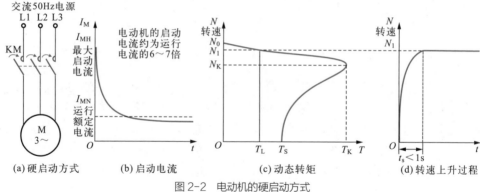

图 2-2　电动机的硬启动方式

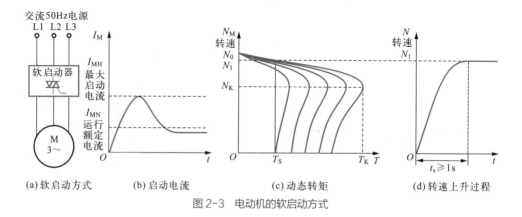

图 2-3　电动机的软启动方式

图 2-4 所示为电动机的变频启动方式。可以看到，在变频器启动方式中，由于采用的是降压和降频的启动方式，所以电动机启动的过程为线性上升过程。因而启动电流只有额定电流的 1.2 ~ 1.5 倍，对电动机及电器设备几乎无冲击作用。而且进入运行状态后会随负载的变化改变频率和电压，从而使转矩随之变化，达到节省能源的最佳效果，这也是变频启动方式的优点。

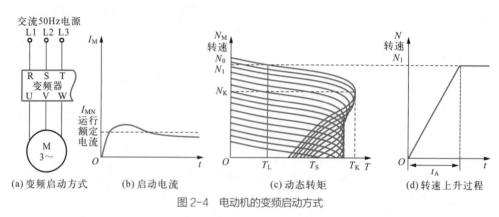

图 2-4　电动机的变频启动方式

变频器的启动频率可在启动之前进行设定，变频器可实现其输出由零直接变化为启动频率对应的交流电压，然后按照其内部加速曲线逐步提高输出频率和输出电压，直到设定频率，如图 2-5 所示。

设定变频器的启动频率

频率设定电位器

设定启动频率不宜过大，否则会造成启动冲击或过流，而导致启动功能失常

典型变频器

图 2-5　变频器中启动频率的设定

② 可受控的加 / 减速功能。在使用变频器对电动机进行控制时，变频器输出的频率和电压可从低频低压加速至额定的频率和额定的电压，或从额定的频率和额定的电压减速至低频低压，而加 / 减速时的快慢可以由用户选择加 / 减速方式进行设定，即改变上升或下降频率，其基本原则是，在电动机的启动电流允许的条件下，尽可能缩短加 / 减速时间。

例如，三菱 FR-A700 通用型变频器的加 / 减速方式有直线加速、S 曲线加 / 减速 A 型、S 曲线加 / 减速 B 型和齿隙补偿四种，如图 2-6 所示。

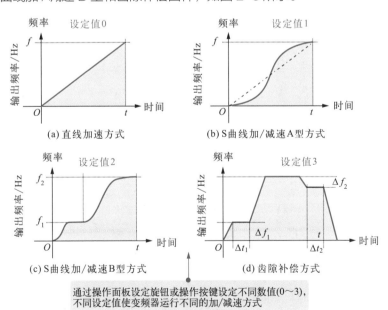

(a) 直线加速方式

(b) S曲线加/减速A型方式

(c) S曲线加/减速B型方式

(d) 齿隙补偿方式

通过操作面板设定旋钮或操作按键设定不同数值(0～3)，不同设定值使变频器运行不同的加/减速方式

图 2-6　三菱 FR-A700 通用型变频器的加 / 减速方式

在变频器中经常使用的制动方式有两种，即直流制动、外接制动电阻和制动单元，用来满足不同用户的需要。

◆ 直流制动功能

变频器的直流制动功能是指当电动机的工作频率下降到一定的范围时，变频器向电动机的绕组间接入直流电压，从而使电动机迅速停止转动。在直流制动功能中，用户需对变频器的直流制动电压、直流制动时间以及直流制动起始频率等参数进行设置。

◆ 外接制动电阻和制动单元

当变频器输出频率下降过快时，电动机将产生回馈制动电流，使直流电压上升，可能会损坏变频器。此时为回馈电路中加入制动电阻和制动单元，将直流回路中的能量消耗掉，以便保护变频器并实现制动。

（2）变频器的变频调速功能

变频器的变频调速功能是其最基本的功能，也是其明显区别于软启动器等控制装置的地方。

通常，交流电动机转速的计算公式为：

$$N_1 = \frac{60 f_1}{P}$$

其中，N_1 为电动机转速，f_1 为电源频率、P 为电动机磁极对数（由电动机内部结构决定），可以看到，电动机的转速与电源频率成正比。

在普通电动机供电及控制线路中，电动机直接由工频电源（50Hz）供电，即其供电电源的频率 f_1 是恒定不变的，例如，若当交流电动机磁极对数 $P=2$ 时，可知其在工频电源下的转速为：

$$N_1 = \frac{60 f_1}{P} = \frac{60 \times 50}{2} = 1500 (\text{r} / \text{min})$$

而由变频器控制的电动机线路中，变频器可以将工频电源通过一系列的转换使输出频率可变，从而可自动完成电动机的调速控制。目前，多数变频器的调速控制主要有压 / 频控制方式、转差频率控制方式、矢量控制方式和直接转矩控制方式四种。

① 压 / 频控制方式　压 / 频控制方式又称为 U/f 控制方式，即通过控制逆变电路输出电源频率变化的同时也调节输出电压的大小（即 U 增大则 f 增大，U 减小则 f 减小），从而调节电动机的转速，图 2-7 所示为典型压 / 频控制电路框图。

采用该类控制方式的变频器多为通用型变频器，适用于调速范围要求不高的场合，如风机、水泵的调速驱动电路等。

② 转差频率控制方式　转差频率控制方式又称为 SF 控制方式，该方式采用测速装置来检测电动机的旋转速度，然后与设定转速频率进行比较，根据转差频率去控制

逆变电路，图 2-8 所示为转差频率控制方式的工作原理示意图。

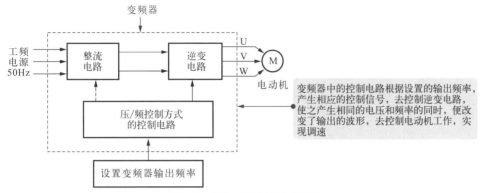

图 2-7 典型压 / 频控制电路框图

采用该类控制方式的变频器需要测速装置检出电动机转速，因此多为一台变频器控制一台电动机形式，通用性较差，适用于自动控制系统中。

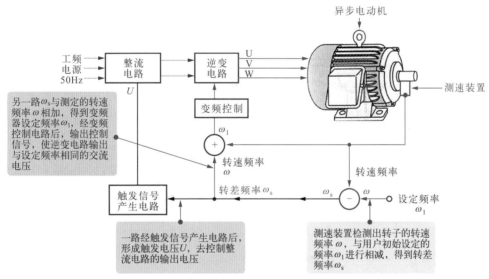

图 2-8 转差频率控制方式的工作原理示意图

③ 矢量控制方式 矢量控制方式是一种仿照直流电动机的控制特点，将异步电动机的定子电流在理论上分成两部分：产生磁场的电流分量（磁场电流）和与磁场相垂直、产生转矩的电流分量（转矩电流），并分别加以控制。

该类方式的变频器具有低频转矩大、响应快、机械特性好、控制精度高等特点。

④ 直接转矩控制方式 直接转矩控制方式又称为 DTC 控制，是目前最先进的交流异步电动机控制方式，该方式不是间接的控制电流、磁链等量，而是把转矩直接作

为被控制量来进行变频控制。

目前，该类方式多用于一些大型的变频器设备中，如重载、起重、电力牵引、惯性较大的驱动系统以及电梯等设备中。

2.1.2 变频器的种类

变频器种类很多，其分类方式也多种多样，按用途可分为通用变频器和专用变频器两大类。

（1）通用变频器

通用变频器是指通用性较强，对其使用的环境没有严格的要求，以简便的控制方式为主。这种变频器的适用范围广，多用于精确度或调速性能要求不高的通用场合，具有体积小、价格低等特点。

随着通用变频器的发展，目前市场上还出现了许多采用转矩矢量控制方式的高性能多功能变频器，其在软件和硬件方面的改进，除具有普通通用变频器的特点外，还具有较高的转矩控制性能，可使用于传动带、升降装置以及机床、电动车辆等对调速系统性能和功能要求较高的许多场合。

图 2-9 所示为几种常见通用变频器的实物外形。

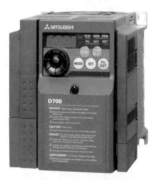

三菱D700型通用变频器　　安川J1000型通用变频器　　西门子MM420型通用变频器

图 2-9　几种常见通用变频器的实物外形

通用变频器是指在很多方面具有很强通用性的变频器，该类变频器简化了一些系统功能，并以节能为主要目的，多为中小容量变频器，一般应用于水泵、风扇、鼓风机等对于系统调速性能要求不高的场合。

（2）专用变频器

专用变频器通常指专门针对某一方面或某一领域而设计研发的变频器。该类变频器针对性较强，具有适用于所针对领域独有的功能和优势，从而能够更好地发挥变频调速的作用。例如，高性能专用变频器、高频变频器、单相变频器和三相变频器等都属于专业变频器，他们的针对性较强，对安装环境有特殊的要求，可以实现较高的控制效果，但其价格较高。

图 2-10 所示为几种常见专用变频器的实物外形。较常见的专用变频器主要有风机专用变频器、恒压供水（水泵）专用变频器、机床类专用变频器、重载专用变频器、注塑机专用变频器、纺织类专用变频器等。

西门子MM430型水泵风机专用变频器

风机专用变频器

恒压供水（水泵）专用变频器

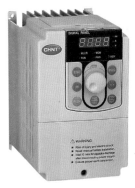
NVF1G-JR系列卷绕专用变频器

LB-60GX系列线切割专用变频器

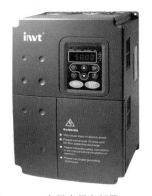
电梯专用变频器

图 2-10　几种常见专用变频器的实物外形

2.1.3　变频器的结构

变频器是一种利用逆变电路的方式将工频电源（恒频恒压电源）变成频率和电压可变的变频电源，进而对电动机进行调速控制的电气装置。图 2-11 为典型变频器的实物外形。

（1）变频器的外部结构

变频器的控制对象是电动机，由于电动机的动率或应用场合不同，因而驱动控制

变频器的结构特点

用变频器的性能、尺寸、安装环境也会有很大的差别。图 2-12 所示为典型变频器的外部结构图。

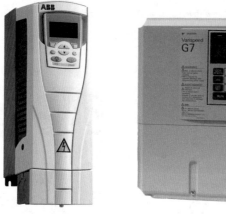

图 2-11　典型变频器的实物外形

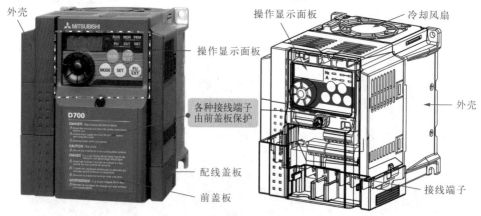

图 2-12　典型变频器的外部结构图

可以看到，变频器的操作显示面板位于变频器的正面，操作显示面板的下面是开关及各种接线端子。这些接线端子外装有前盖板，起到保护的作用。

在变频器的顶部有一个散热口，冷却风扇安装在变频器内，通过散热口散热。

图 2-13 为典型变频器的拆解示意图。图中明确标注了各部件的位置关系以及接线端子和开关接口（主电路接线端子、控制电路接线端子、控制逻辑切换跨接器、PU 接口、电压 / 电流输入切换开关）的分布。

（2）变频器的内部结构

变频器的内部是由构成各种功能电路的电子、电力器件构成的。图 2-14 所示为典型变频器的内部结构。

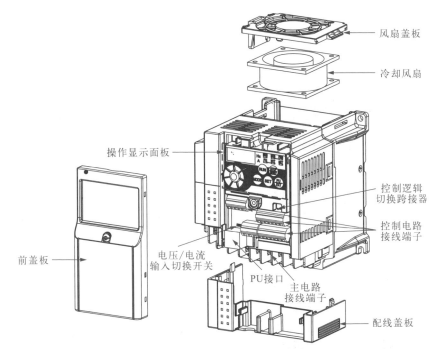

风扇盖板

冷却风扇

操作显示面板

控制逻辑
切换跨接器

控制电路
接线端子

前盖板

电压/电流
输入切换开关

PU接口

主电路
接线端子

配线盖板

图 2-13　典型变频器的拆解示意图

高容量电容　　高容量电容

(a) 变频器的后面板视图

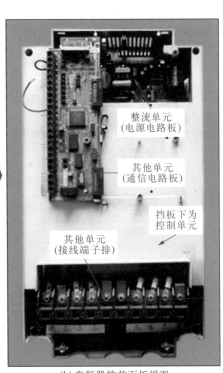

整流单元
(电源电路板)

其他单元
(通信电路板)

挡板下为
控制单元

其他单元
(接线端子排)

(b) 变频器的前面板视图

图 2-14　典型变频器的内部结构

如图 2-15 所示，变频器内部主要是由整流单元（整流电路模块）、控制单元（控制电路板）、其他单元（通信电路板）、高容量电容、电流互感器等部分构成的。

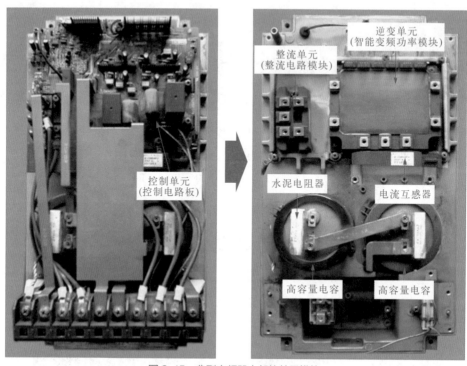

图 2-15 典型变频器内部的单元模块

2.2 变频控制技术

2.2.1 变频技术的特点

为了克服定频控制中的缺点，提高效率，电气技术人员研发出通过改变电动机供电频率的方式来达到电动机转速控制的目的，这就是变频技术的"初衷"。

图 2-16 所示为变频控制的简单原理示意图。变频技术逐渐发展并得到了广泛应用，即采用变频的驱动方式驱动电动机可以实现宽范围的转速控制，还可以大大提高效率，具有环保节能的特点。

在上述电路中改变电源频率的电路即为变频电路。可以看到，采用变频控制的电动机驱动电路中，恒压恒频的工频电源经变频电路后变成电压、频率都可调的驱动电源，使得电动机绕组中的电流呈线性上升，启动电流小且对电气设备的冲击也降到最低。

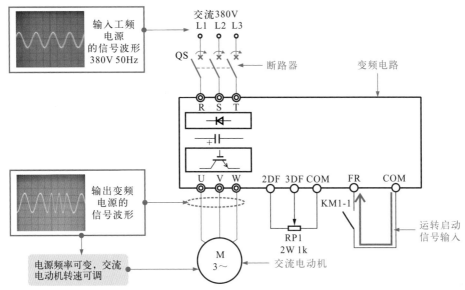

图 2-16　电动机变频控制的简单原理示意图

　　　　工频电源，是指工业上用的交流电源，单位为赫兹（Hz）。不同国家、地区的电力工业标准频率各不相同，中国电力工业的标准频率定为 50Hz。有些国家或地区（如美国等）则定为 60Hz。

2.2.2　变频技术的控制方式

定频与变频两种控制方式中，关键的区别在于控制电路输出交流电压的频率是否可变，图 2-17 所示为两种控制方式输出电压的波形图。

目前，多数变频电路在实际工作时，首先在整流电路模块将交流电压整流为直流电压，然后在中间电路模块对直流进行滤波，最后由逆变电路模块将直流电压变为频率可调的交流电压，进而对电动机实现变频控制。

由于逆变电路模块是实现变频的重点电路部分，因此我们从逆变电路的信号处理过程入手即可对变频的原理有所了解。

"变频"的控制主要是通过对逆变电路中电力半导体器件的开关控制，来实现输出电压频率发生变化，进而实现控制电动机转速的目的。

逆变电路由 6 只半导体晶体管（以 IGBT 管较为常见）按一定方式连接而成，通过控制 6 只半导体晶体管的通断状态，实现逆变过程。下面具体介绍逆变电路实现"变频"的具体工作过程。

（1）U+ 和 V－两只 IGBT 管导通

图 2-18 所示为 U+ 和 V- 两只 IGBT 管导通周期的工作过程。

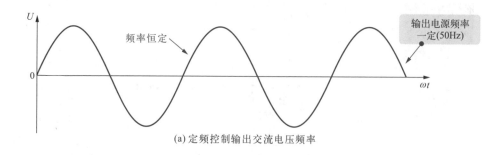

(a) 定频控制输出交流电压频率

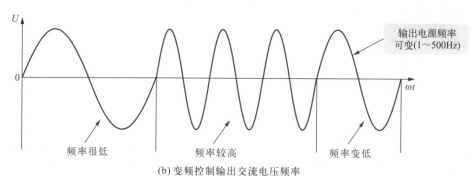

(b) 变频控制输出交流电压频率

图 2-17 定频控制与变频控制中输出电压的波形图

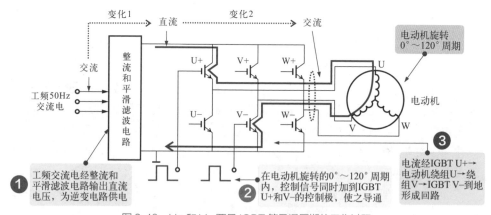

图 2-18 U+ 和 V- 两只 IGBT 管导通周期的工作过程

(2) V+ 和 W - 两只 IGBT 管导通

图 2-19 所示为 V+ 和 W- 两只 IGBT 管导通周期的工作过程。

(3) W+ 和 U- 两只 IGBT 管导通

图 2-20 所示为 W+ 和 U- 两只 IGBT 管导通周期的工作过程。

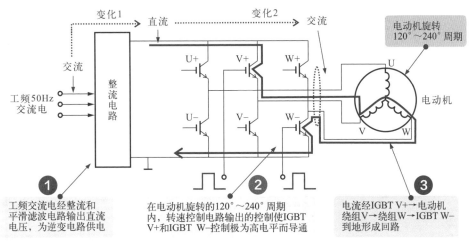

图 2-19　V+ 和 W− 两只 IGBT 管导通周期的工作过程

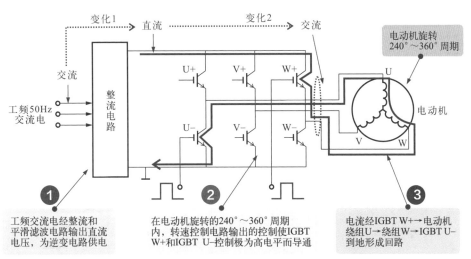

图 2-20　W+ 和 U − 两只 IGBT 管导通周期的工作过程

　　我们平时使用的交流电都来自国家电网，我国低压电网的电压和频率统一为 380V、50Hz，这是一种规定频率的电源，不可调整，平时我们也称它为工频电源。因此，如果我们要想得到电压和频率都能调节的电源，就必须想法"变出来"，这样的电源我们才能够控制。那么，这里我们"变出来"不可能凭空产生，只能从另一种"能源"中变过来，一般这种"能源"就是直流电源。

　　也就是说，我们需要将不可调、不能控制的交流电源变为直流电源，然后再从直流电源中"变出"可调、可控的变频电源。

由于变频电路所驱动控制的电动机有直流和交流之分，因此变频电路的控制方式也可以分成直流变频方式和交流变频方式两种。

图 2-21 所示为采用 PWM 脉宽调制的直流变频控制电路原理图。直流变频是把交流市电转换为直流电，并送至逆变电路，逆变电路受微处理器指令的控制。微处理器输出转速脉冲控制信号经逆变电路变成驱动电动机的信号。

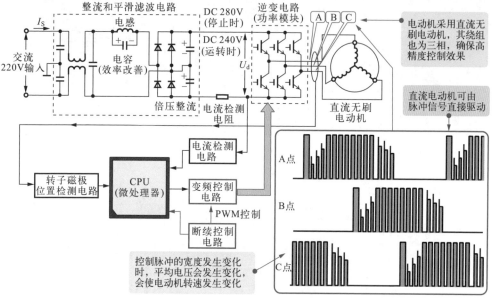

图 2-21 采用 PWM 脉宽调制的直流变频控制原理示意图

图 2-22 所示为采用 PWM 脉宽调制的交流变频控制电路原理图。交流变频是把

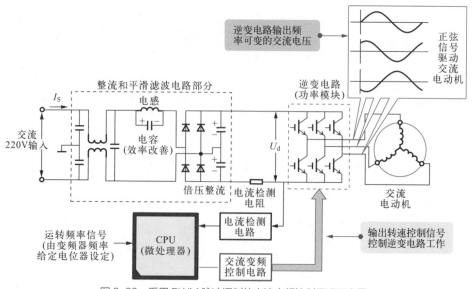

图 2-22 采用 PWM 脉冲调制的交流变频控制原理示意图

380/220V 交流市电转换为直流电源，为逆变电路提供工作电压，逆变电路在变频控制下再将直流电"逆变"成交流电，该交流电再去驱动交流感应电动机，"逆变"的过程受转速控制电路的指令控制，输出频率可变的交流电压，使电动机的转速随电压频率的变化而相应改变，这样就实现了对电动机转速的控制和调节。

2.3 变频控制技术的应用

2.3.1 制冷设备的变频控制

制冷设备中的变频电路不同于传统的驱动电路，它主要是通过改变输出电流的频率和电压，来调节压缩机或水泵中的电动机转速。采用变频电路控制的制冷设备，工作效率更高，更加节约能源。

图 2-23 所示为海信 KFR-4539（5039）LW/BP 变频空调器的变频电路，该变频电路主要由控制电路、过流检测电路、变频模块和变频压缩机构成。

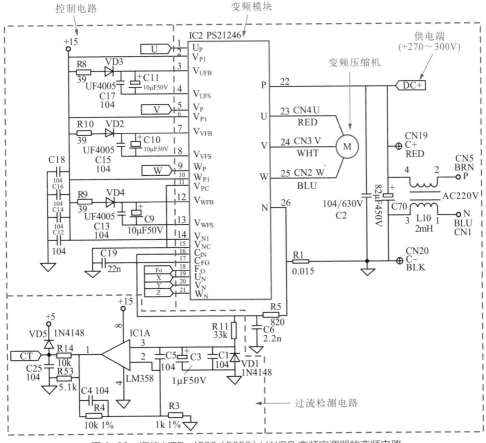

图 2-23　海信 KFR-4539（5039）LW/BP 变频空调器的变频电路

图 2-24 所示为变频模块 PS21246 的内部结构。该模块内部主要由 HVIC1 ~ HVIC3 和 LVIC4 个逻辑控制电路，6 个功率输出 IGBT 管（门控管）和 6 个阻尼二极管等部分构成的。300V 的 P 端为 IGBT 管提供电源电压，由供电电路为其中的逻辑控制电路提供 +5V 的工作电压。由微处理器为 PS21246 输入控制信号，经功率模块内部逻辑处理后为 IGBT 管控制极提供驱动信号，U、V、W 端为直流无刷电动机绕组提供驱动电流。变频模块 PS21246 的引脚功能见表 2-1 所列。

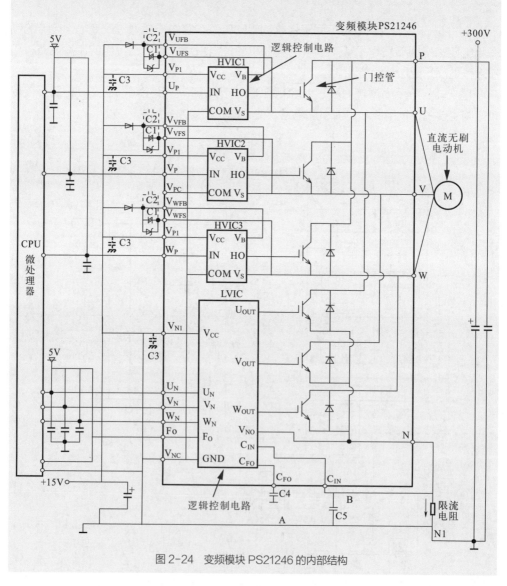

图 2-24　变频模块 PS21246 的内部结构

表 2-1 PS21246 型变频功率模块引脚功能

引脚	标识	引脚功能	引脚	标识	引脚功能
①	U_P	功率管 U（上）控制	⑭	V_{N1}	欠压检测端
②	V_{P1}	模块内 IC 供电 +15V	⑮	V_{NC}	接地
③	V_{UFB}	U 绕组反馈信号输入	⑯	C_{iN}	过流检测
④	V_{UFS}	U 绕组反馈信号	⑰	C_{FO}	故障输出（滤波端）
⑤	V_P	功率管 V（上）控制	⑱	F_O	故障检测
⑥	V_{P1}	模块内 IC 供电 +15V	⑲	U_N	功率管 U（下）控制
⑦	V_{VFB}	V 绕组反馈信号输入	⑳	V_N	功率管 V（下）控制
⑧	V_{VFS}	V 绕组反馈信号	㉑	W_N	功率管 W（下）控制
⑨	W_P	功率管 W（上）控制	㉒	P	直流供电端
⑩	V_{P1}	模块内 IC 供电 +15V	㉓	U	接电动机绕组 U
⑪	V_{PC}	接地	㉔	V	接电动机绕组 V
⑫	V_{WFB}	W 绕组反馈信号输入	㉕	W	接电动机绕组 W
⑬	V_{WFS}	W 绕组反馈信号	㉖	N	直流供电负端

图 2-25 所示为海信 KFR-25GW/06BP 型变频空调器中的变频电路部分。该变频电路主要由控制电路、变频模块和变频压缩机等构成。

该电路中，变频电路满足供电等工作条件后，由室外机控制电路中的微处理器（MB90F462-SH）为变频模块 IPM201/PS21564 提供控制信号，经变频模块 IPM201/PS21564 内部电路的逻辑控制后，为变频压缩机提供变频驱动信号，驱动变频压缩机启动运转，具体工作过程如图 2-26 所示。

图 2-27 所示为上述电路中 PS21564 型智能功率模块的实物外形、引脚排列及内部结构，其各引脚功能见表 2-2 所列。

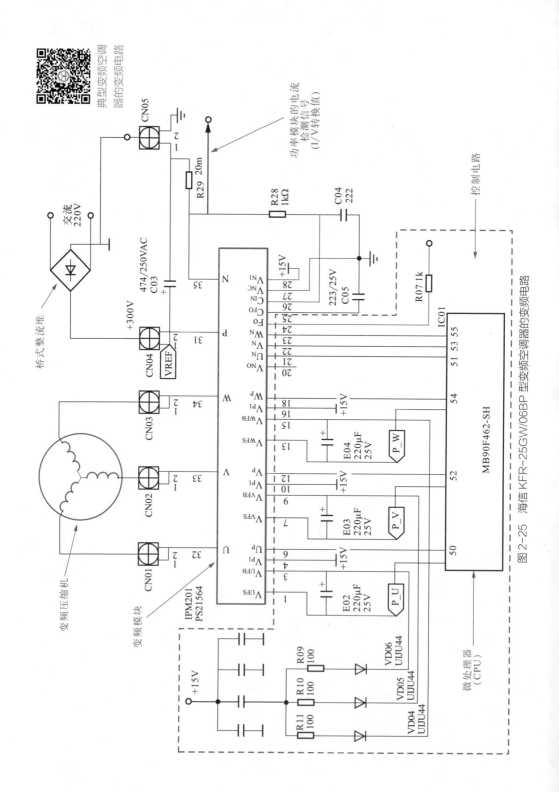

图 2-25　海信 KFR-25GW/06BP 型变频空调器的变频电路

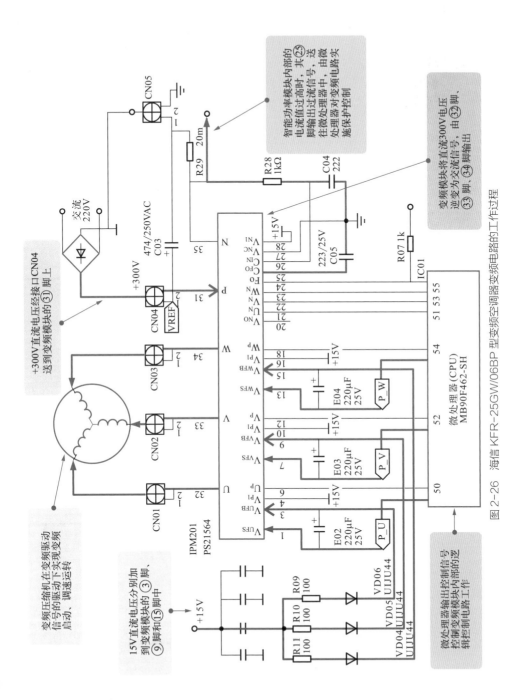

智能功率模块内部的电流值过高时，其㉕脚输出过流信号，送往微处理器中，由微处理器对变频电路实施保护控制

变频模块将直流300V电压逆变为交流信号，由㉜脚、㉝脚、㉞脚输出

+300V直流电压经接口CN04送到变频模块的③脚上

变频压缩机在变频驱动信号的驱动下实现变频启动、调速运转

15V直流电压分别加到变频模块的③脚、⑨脚和⑮脚中

微处理器输出控制信号控制变频模块内部的逻辑控制电路工作

图2-26 海信KFR-25GW/06BP型变频空调器变频电路的工作过程

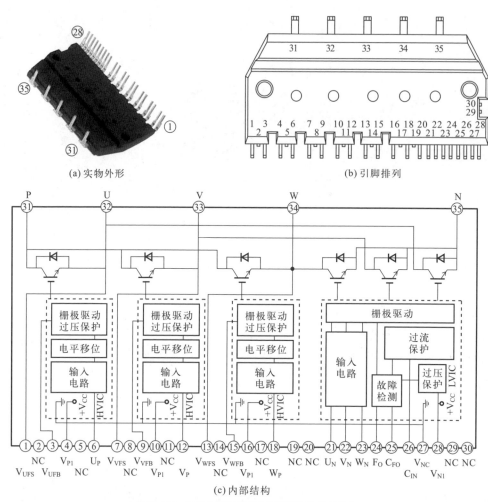

(a) 实物外形

(b) 引脚排列

(c) 内部结构

图 2-27　PS21564 型智能功率模块的外形结构

表 2-2　PS21564 型智能功率模块引脚功能

引脚	标识	引脚功能	引脚	标识	引脚功能
①	V_{UFS}	U 绕组反馈信号	⑧	NC	空脚
②	NC	空脚	⑨	V_{VFB}	V 绕组反馈信号输入
③	V_{UFB}	U 绕组反馈信号输入	⑩	V_{P1}	模块内 IC 供电 +15V
④	V_{P1}	模块内 IC 供电 +15V	⑪	NC	空脚
⑤	NC	空脚	⑫	V_P	功率管 V（上）控制
⑥	U_P	功率管 U（上）控制	⑬	V_{WFS}	W 绕组反馈信号
⑦	V_{VFS}	V 绕组反馈信号	⑭	NC	空脚

引脚	标识	引脚功能	引脚	标识	引脚功能
⑮	V_{WFB}	W 绕组反馈信号输入	㉖	C_{IN}	过流检测
⑯	V_{P1}	模块内 IC 供电 +15V	㉗	V_{NC}	接地
⑰	NC	空脚	㉘	V_{N1}	欠压检测端
⑱	W_P	功率管 W（上）控制	㉙	NC	空脚
⑲	NC	空脚	㉚	NC	空脚
⑳	NC	空脚	㉛	P	直流供电端
㉑	U_N	功率管 U（下）控制	㉜	U	接电动机绕组 W
㉒	V_N	功率管 V（下）控制	㉝	V	接电动机绕组 V
㉓	W_N	功率管 W（下）控制	㉞	W	接电动机绕组 U
㉔	F_O	故障检测	㉟	N	直流供电负端
㉕	C_{FO}	故障输出（滤波端）	—	—	—

2.3.2 电动机设备中的变频控制

从控制关系和功能来说，不论控制系统是简单还是复杂，是大还是小，电动机的变频控制系统都可以划分为主电路和控制电路两大部分，图 2-28 所示为典型电动机变频控制系统的连接关系。

图 2-29 所示为典型三相交流电动机的点动、连续运行变频调速控制电路。可以看到，该电路主要是由主电路和控制电路两大部分构成的。

主电路部分主要包括主电路总断路器 QF1、变频器内部的主电路（三相桥式整流电路、中间滤波电路、逆变电路等部分）、三相交流电动机等。

控制电路部分主要包括控制按钮 SB1 ~ SB3、继电器 K1/K2、变频器的运行控制端 FR、内置过热保护端 KF 以及三相交流电动机运行电源频率给定电位器 RP1/RP2 等。

控制按钮用于控制继电器的线圈，从而控制变频器电源的通断，进而控制三相交流电动机的启动和停止；同时继电器的触点控制频率给定电位器的有效性，通过调整电位器可改变变频器的输出频率，从而实现三相交流电动机的调速控制。

（1）点动运行控制过程

图 2-30 所示为三相交流电动机的点动、连续运行变频调速控制电路的点动运行启动控制过程。合上主电路的总断路器 QF1，接通三相电源，变频器主电路输入端 R、S、T 得电，控制电路部分也接通电源进入准备状态。

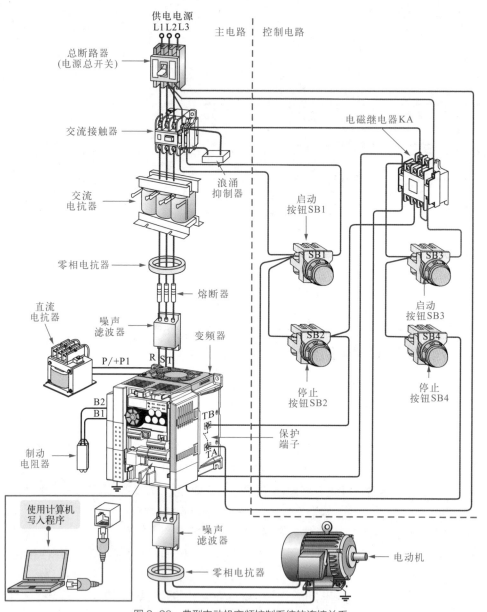

图 2-28　典型电动机变频控制系统的连接关系

　　当按下点动控制按钮 SB1 时，继电器 K1 线圈得电，常闭触点 K1-1 断开，实现联锁控制，防止继电器 K2 得电；常开触点 K1-2 闭合，变频器的 3DF 端与频率给定电位器 RP1 及 COM 端构成回路，此时 RP1 电位器有效，调节 RP1 电位器即可获得三相交流电动机点动运行时需要的工作频率；常开触点 K1-3 闭合，变频器的 FR 端经 K1-3 与 COM 端接通。变频器内部主电路开始工作，U、V、W 端输出变频电源，电源频率按预置的升速时间上升至与给定对应的数值，三相交流电动机得电启动运行。

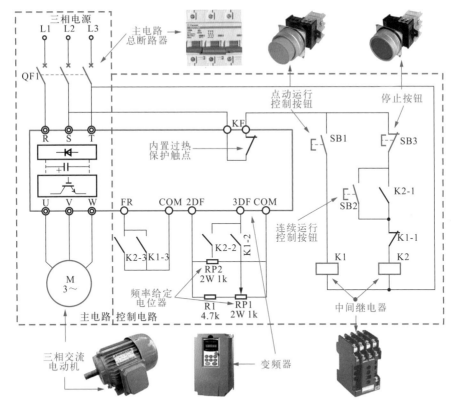

图 2-29 典型三相交流电动机的点动、连续运行变频调速控制电路

电动机运行过程中，若松开按钮开关 SB1，则继电器 K1 线圈失电，常闭触点 K1-1 复位闭合，为继电器 K2 工作做好准备；常开触点 K1-2 复位断开，变频器的 3DF 端与频率给定电位器 RP1 触点被切断；常开触点 K1-3 复位断开，变频器的 FR 端与 COM 端断开，变频器内部主电路停止工作，三相交流电动机失电停转。

（2）连续运行控制过程

图 2-31 所示为三相交流电动机的点动、连续运行变频调速控制电路的连续运行启动控制过程。

机电设备中变频电路的应用特点

当按下连续控制按钮 SB2 时，继电器 K2 线圈得电，常开触点 K2-1 闭合，实现自锁功能（当手松开按钮 SB2 后，继电器 K2 仍保持得电）；常开触点 K2-2 闭合，变频器的 3DF 端与频率给定电位器 RP2 及 COM 端构成回路，此时 RP2 电位器有效，调节 RP2 电位器即可获得三相交流电动机连续运行时需要的工作频率；常开触点 K2-3 闭合，变频器的 FR 端经 K2-3 与 COM 端接通。变频器内部主电路开始工作，U、V、W 端输出变频电源，电源频率按预置的升速时间上升至与给定对应的数值，三相交流电动机得电启动运行。

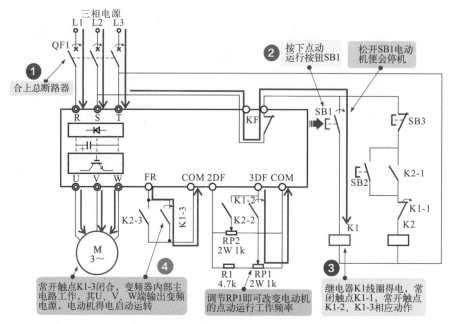

图 2-30 点动运行启动控制过程

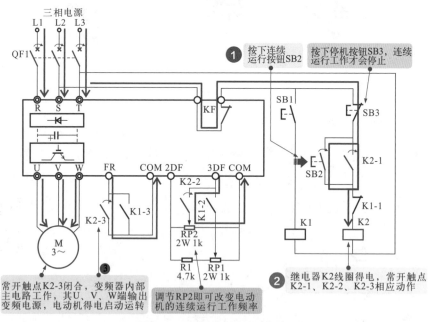

图 2-31 连续运行启动控制过程

提示说明　变频电路所使用的变频器都具有过热、过载保护功能，若电动机出现过载、过热故障时，变频器内置过热保护触点（KF）便会断开，切断继电器线圈供电，变频器主电路断电，三相交流电动机停转，起到过热保护的功能。

第 **3** 章

电动机、数控设备与机器人控制线路

3.1 步进电动机驱动控制

3.1.1 单极性二相步进电动机驱动控制线路

图 3-1 是单极性二相步进电动机的励磁驱动等效电路。"励磁"是指电流通过线圈激发而产生磁场的过程。定子磁极有 4 个两两相对的磁极。

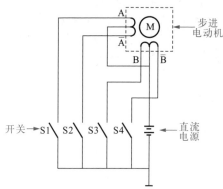

图 3-1　单极性二相步进电动机驱动等效电路

在驱动时必须使相对的磁极极性相反。例如，磁极 1 为 N 时，磁极 3 必须为 S，这样才能形成驱动转子旋转的转矩。

图 3-1 中的二相绕组中，每相绕组由一个中心抽头将线圈分为两个。从图中可见，电源正极接到中心抽头上，绕组的 4 个引脚分别设一个开关（S1 ~ S4），顺次接通 S1 ~ S4 就会形成旋转磁场，使转子转动。该方式中，绕组中的电流方向是固定的，因而被称为单极性驱动方式。

图 3-2 为单极性二相步进电动机的驱动控制线路。4 个场效应晶体管（VT1 ~ VT4）相当于 4 个开关，由脉冲信号产生电路产生的脉冲顺次加到门控管的控制栅极，便会使门控管按脉冲的规律导通，驱动步进电动机一步一步转动。

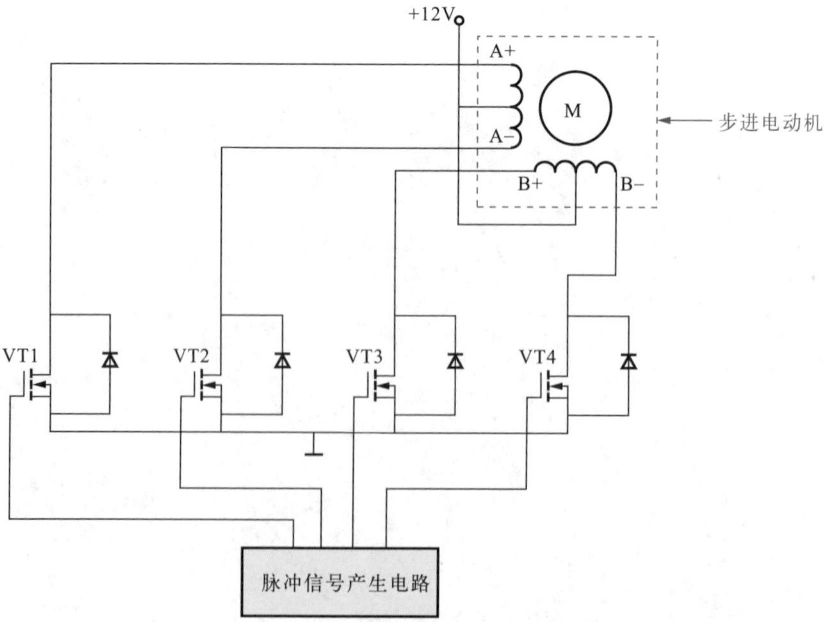

图 3-2　单极性二相步进电动机驱动控制线路

步进电动机是将电脉冲信号转变为角位移或线位移的开环控制器件。在负载正常的情况下，电动机的转速、停止的位置（或相位）只取决于驱动脉冲信号的频率和脉冲数。不受负载变化的影响。

当步进电动机驱动器接收到一个脉冲信号，他就会驱动步进电动机按设定方向转动一个固定的角度，该角度被称为"步距角"。它的旋转是以固定的角度一步一步运行的。可以通过控制脉冲个数来控制角位移量，从而达到确定的目标。同时可以通过控制脉冲的频率来控制电动机转动的速度和加速度，从而达到调速的目的。

步进电动机从结构上说是一种感应电动机，其驱动电路将恒定的直流电变为分时供电的多相序控制电流。

3.1.2　双极性二相步进电动机驱动控制线路

图 3-3 是双极性二相步进电动机的驱动控制线路，所谓双极性是指线圈的供电电流方向是可变的。这种方式需要 8 个控制场效应晶体管。通过对场效应晶体管的控制可以改变线圈中电流的方向。

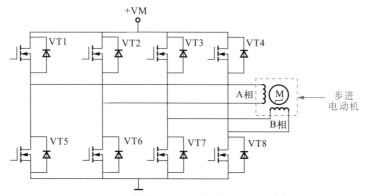

图 3-3　双极性二相步进电动机驱动控制线路

例如，当 VT1 和 VT6 导通，VT2 和 VT5 截止时，电动机 A 相绕组中的电流从上至下流动。当 VT3 和 VT8 导通，VT4、VT7 截止时，电动机 B 相绕组中的电流从左至右流动。当 VT2 和 VT5 导通，VT1、VT6 截止时，A 相绕组中的电流方向相反。当 VT4、VT7 导通，VT3、VT8 截止时，B 相绕组中的电流相反。

3.1.3　采用 L298N 和 L297 芯片的步进电动机驱动控制线路

图 3-4 是由 L298N 和 L297 等集成电路构成的步进电动机的驱动控制线路。

步进电动机（两相）是驱动机构中的动力源。续流二极管（VD1 ～ VD8）为驱动电源提供续流通道。集成电路（IC2 L298N）是驱动脉冲的控制放大电路，为步进电动机提供脉冲。集成电路（IC1 L297）是一种控制电路，它将微处理器送来的控制指令转换成控制 IC2 的信号。电阻（R_{S1}、R_{S2}）作为电流取样电阻，检测电动机驱动电路的工作电流。

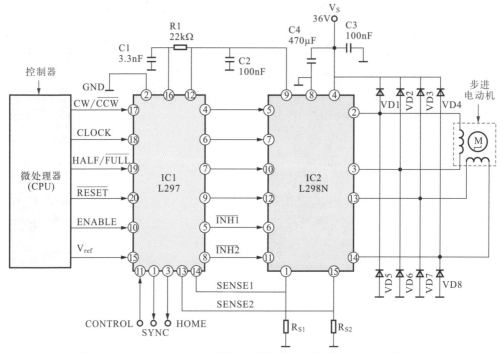

图 3-4　由 L298N 和 L297 等集成电路构成的步进电动机的驱动控制线路

上述的步进电动机驱动电路是受微处理器（CPU）控制的。步进电动机在设备中只是一个动力部件，它的动作与其他的电路和机构相关联。步进电机的转动方向和启停时间都与整个系统保持同步关系。

（1）L298N 的控制关系

图 3-5 是 L298N 的控制关系图，L298N 是步进电动机驱动脉冲的集成电路，它有 4 个脉冲信号输出端，其中 2 脚 3 脚为一组，13 脚和 14 脚为一组，分别为步进电动机的两相绕组提供脉冲信号。L298N 输出脉冲的时序和频率，受 4 个输入信号的控制，即 5、7、10、12 脚为控制端。1、15 脚的外接电阻为电动机绕组电流的取样端。L298N 的控制信号来自 L297。

步进电动机驱动控制电路

（2）L297 的控制关系

图 3-6 是 L297 的控制关系图，该集成电路实际上是步进电动机控制信号的接口电路，它将微处理器（CPU）送来的控制信号在内部经逻辑处理后变成控制 L298N 的信号，经 L298N 变成驱动脉冲再去驱动步进电动机的两相绕组。

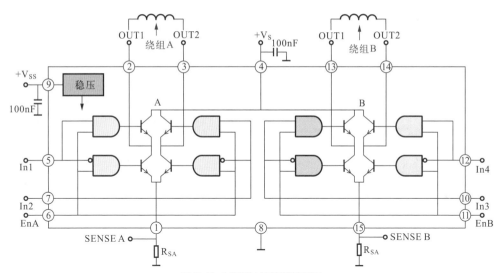

图 3-5　L298N 的控制关系图

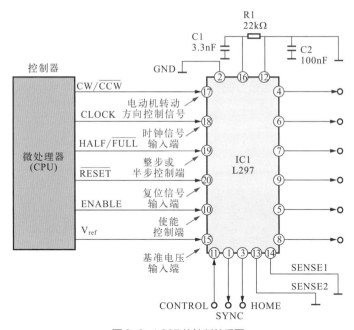

图 3-6　L297 的控制关系图

① L297 的控制信号输入端　L297 的控制信号来自微处理器，主要有如下几种。

17 脚为电动机转动方向控制信号，高电平为顺时针方向（CW），低电平为逆时针方向（CCW）。

18 脚为时钟信号输入端（CLOCK）。

19 脚为整步或半步控制端，高电平为半步控制（HALF），低电平为整步控制（FULL）。

20 脚为复位信号输入端（RESET）。

10 脚为使能控制端（ENABL）。

15 脚为基准电压输入端（V_{ref}）。

② L297 的输出信号　4、6、7、9 脚为脉冲输出端，分别输出 ABCD 控制脉冲信号并加到 L298N 的控制信号输入端，由 L298N 形成驱动步进电动机的驱动脉冲。

5、6 脚为禁止信号输出端，当出现过载情况时输出禁止信号，使 L298N 停止工作进行保护。

③ L297 的工作条件　L297 在进入工作状态时，+5 V 电源加到 12 脚，12 脚外接电容进行稳压和滤波。

L297 的 16 脚为时间常数端，外接 RC 电路决定内部斩波振荡器的工作频率。

3.1.4　采用 TA8435 芯片的步进电动机驱动控制线路

采用 TA8435 芯片的步进电动机驱动控制线路

（1）采用 TA8435 芯片的步进电动机驱动控制线路的结构

图 3-7 是采用 TA8435 芯片的步进电动机驱动控制线路，该电路是一种脉宽调制（PWM）控制式微步进双极步进电机驱动电路。微步进的步距取决于时钟周期。平均输出电流为 1.5 A，峰值电流可达 2.5 A。

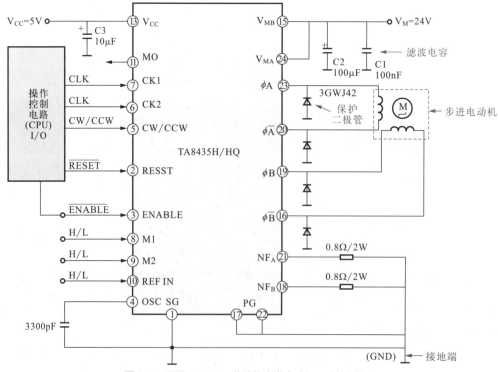

图 3-7　采用 TA8435 芯片的步进电动机驱动控制线路

（2）采用 TA8435 芯片的步进电动机驱动控制线路的工作过程

① 待机状态　步进电动机驱动控制线路在工作前应先进入待机状态，该状态主要是电源供电电路和操作控制电路首先进入待机状态。

+24 V 电源加到芯片 TA8435 的 15 脚和 24 脚，该电源实际上是为步进电动机供电的部分。

+5 V 电源为芯片的 13 脚，为芯片内的逻辑控制电路和小信号处理电路供电。

操作控制电路（含 CPU 部分）进入工作准备状态。

② 步进电动机的启动和运行状态　图 3-8 是 TA8435 芯片驱动电路的工作流程图。在系统中芯片 TA8435 是产生驱动脉冲的主体电路。它接收控制电路的工作指令，检测电路各部分的工作条件和工作状态，并根据控制指令形成驱动电动机绕组的脉冲信号。

从图 3-8 可见，TA8435 有多个引脚接收控制电路的指令，主要有如下几种：

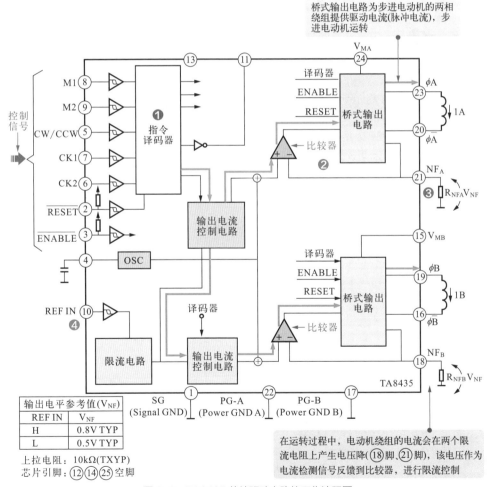

图 3-8　TA8435 芯片驱动电路的工作流程图

- 工作模式控制指令（M1、M2）加到芯片的 8 脚、9 脚。
- 时钟信号（CK1、CK2）加到 7 脚、6 脚。
- 复位信号（RESET）加到 2 脚。
- 使能控制信号（ENABLE）加到 3 脚。

【1】控制信号送到芯片内的指令译码器中，进行译码识别，然后将指令信号转换成控制信号送到两组输出电流控制电路。

【2】经比较器驱动两个桥式输出电路，由桥式输出电路为步进电动机的两相绕组提供驱动电流（脉冲电流），步进电动机运转。

【3】在运转过程中，电动机绕组的电流会在两个限流电阻上产生电压降（18 脚、21 脚），该电压作为电流检测信号反馈到比较器，进行限流控制。

【4】此外在芯片的 10 脚为输出电流的参考值设置引脚，该引脚为高电平时，电流取样电阻的电压降设定为 0.8V，该脚为低电平时，电流取样电阻的电压降设定为 0.5V。用户可根据电动机的特性进行设置。

3.1.5　采用 TB62209F 芯片的步进电动机驱动控制线路

（1）采用 TB62209F 芯片的步进电动机驱动控制线路的结构

图 3-9 是采用 TB62209F 芯片的步进电动机驱动控制线路。该电路具有微步进

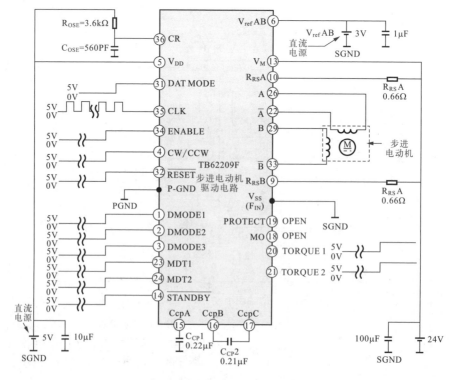

图 3-9　采用 TB62209F 芯片的步进电机驱动控制线路

驱动功能，在微处理器的控制下可以实现精细的步进驱动。步距受时钟信号的控制，1 个微步为一个时钟周期。步进电动机为两相绕组，额定驱动电流为 1A。

（2）采用 TB62209F 芯片的步进电动机驱动控制线路的工作过程

步进电动机驱动控制线路在工作前首先进入待机状态，如下各项是满足 TB62209F 芯片的待机条件。

- 电动机供电电源 +24V 加到 TB62209F 的 13 脚。
- 芯片逻辑电路所需的 +5V 电源加到芯片的 5 脚。
- 基准电压 +3V 加到 6 脚，为芯片内振荡电路供电。
- RC 时间常数电路接到 36 脚。
- 微处理器进入待机状态并准备为芯片提供各种控制信号，其控制关系如图 3-10 所示。

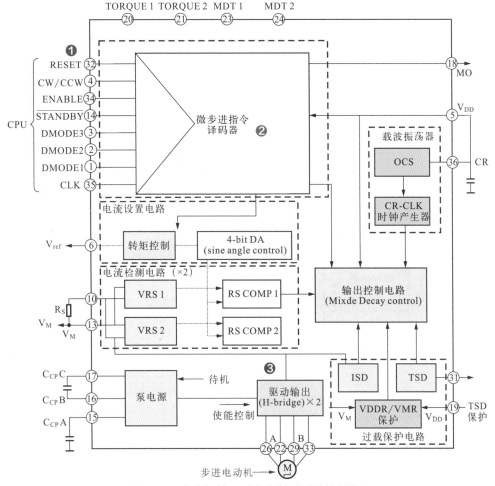

图 3-10　步进电动机驱动电路待机状态的控制关系

【1】步进电动机的工作是在脉冲信号的作用下一步一步运转的。芯片 TB62209F 为步进电动机提供脉冲，该芯片在工作时受微处理器控制，微处理器分别为芯片 TB62209F 提供复位信号加到 32 脚，待机控制信号加到 14 脚，转动方向指令信号加到 4 脚，工作模式信号加到 1 ~ 3 脚，时钟信号加到 35 脚，使能控制信号加到 34 脚。

【2】微处理器的指令信号送入 TB62209F 后，由芯片内的微步进指令译码器对各种指令和控制信号进行识别，然后形成各种控制信号对芯片内的电路单元进行控制，最后形成步进脉冲去驱动电动机，使电动机按指令运转。

【3】在驱动芯片中采用桥式输出电路可实现双向驱动功能。两相步进电机需要两个桥式驱动电路。从图 3-10 可见，在芯片 26、22 脚和 29、33 脚内接有两个驱动控制电路（A、B 相），分别控制电动机的两个绕组。

3.1.6　采用 TB6608 芯片的步进电动机驱动控制线路

（1）采用 TB6608 芯片的步进电动机驱动控制线路的结构

图 3-11 是采用 TB6608 芯片的步进电动机驱动控制线路。该电路是 PWM 脉

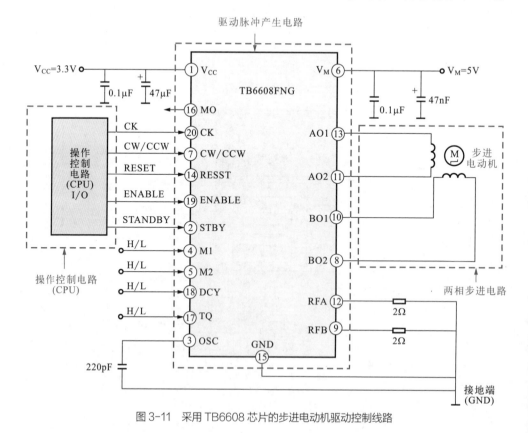

图 3-11　采用 TB6608 芯片的步进电动机驱动控制线路

冲型步进电动机驱动电路，它主要是由操作控制电路（CPU）、驱动脉冲产生电路（TB6608）和两相步进电路等部分构成的，可在低电压条件下工作（+5 V 电源供电），输出电流可达 0.8 A，步进信号由时钟脉冲提供。

（2）采用 TB6608 芯片的步进电动机驱动控制线路的工作过程

① 待机状态　步进电动机驱动控制线路在工作前应先进入待机状态，该状态主要是使电源供电电路和操作控制电路进入待机状态。

- +5V 电源加到芯片 TB6608 的 6 脚，经芯片内的桥式输出电路为电动机绕组供电。
- +3.3V 电源加到芯片 TB6608 的 1 脚，为芯片内的小信号处理电路供电。
- 操作控制电路（CPU）及接口电路（I/O）进入工作准备状态。

② 步进电动机的启动和运行状态　图 3-12 是采用 TB6608 芯片的步进电动机驱动控制线路的内部框图，该图为步进电动机驱动电路的工作流程。在系统中，芯片 TB6608 在控制电路的作用下形成驱动步进电动机的脉冲信号。

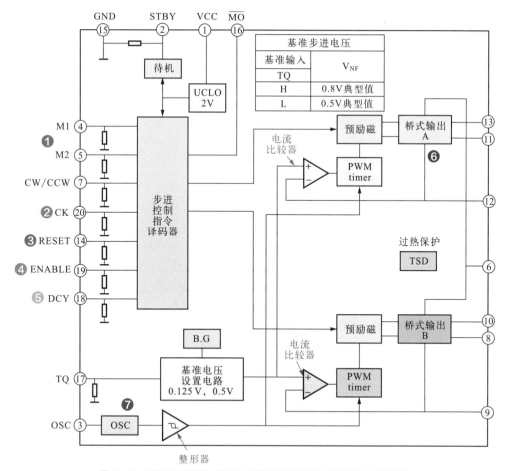

图 3-12　采用 TB6608 芯片的步进电动机驱动控制线路的内部框图

从图 3-12 可见，TB6608 有多个引脚接收控制电路送来的操作指令，主要有如下几种。

【1】工作模式指令（M1、M2）加到芯片的 4、5 脚。

【2】时钟脉冲（CK）加到芯片的 20 脚。

【3】复位信号（RESET）加到芯片的 14 脚。

【4】使能控制信号（ENABLE）加到芯片的 19 脚。

【5】电流衰减控制信号（DCY）加到芯片的 18 脚。

【6】上述控制信号是由 CPU 产生，然后经接口电路（I/O）为芯片 TB6608 提供的，该信号在芯片 TB6608 内经译码识别后，转换成控制信号去控制预励磁电路，最后经桥式输出电路 A、B 为两相步进电机的绕组提供驱动脉冲，使步进电动机进入运转状态。

【7】芯片 TB6608 内设有振荡电路（OSC），振荡信号经整形电路后形成脉冲信号，脉冲信号经 PWM 信号定时器（PWM timer）形成驱动脉冲，在运行时，接在 9、12 脚的限流电阻为电流比较器提供电流检测信号，从而可实现自动限流控制。

3.2 伺服电动机驱动控制

3.2.1 采用 LM675 芯片的伺服电动机驱动控制线路

（1）采用 LM675 芯片的伺服电动机驱动控制线路的结构

图 3-13 是一种采用功率运算放大器 LM675 芯片的伺服电动机驱动控制线路。电动机采用直流伺服电动机。

【1】功率运算放大器 LM675 由 15 V 供电。

【2】电位器 RP1（10 kΩ）作为速度指令电压加到运算放大器 LM675 的同相输入端，放大器的输出电压加到伺服电动机的供电端。

【3】电动机上装有测速信号产生器，用于实时检测电动机的转速，实际上测速信号产生器是一种发电机，它输出的电压与转速成正比，测速信号产生器 G 输出的电压经分压电路后作为速度误差信号反馈到运算放大器的反相输入端。

【4】电位器的输出实际上就是速度指令信号，该信号加到运算放大器的同相信号输入端，相当于基准电压。

【5】当电动机的负载发生变动时，反馈到运算放大器反相输入端的电压也会发生变化，即电动机负载加重时，速度会降低，测速信号产生器的输出电压也会降低，使运算放大器反相输入端的电压降低，该电压与基准电压之差增加，运算放大器的输出电压增加。

【6】反之，当负载变小，电动机速度增加时，测速信号产生器的输出电压上升，加到运算放大器反相输入端的反馈电压增加，该电压与基准电压之差减小，运算放大器的输出电压下降，会使电动机的速度下降，从而使转速能自动稳定在设定值。

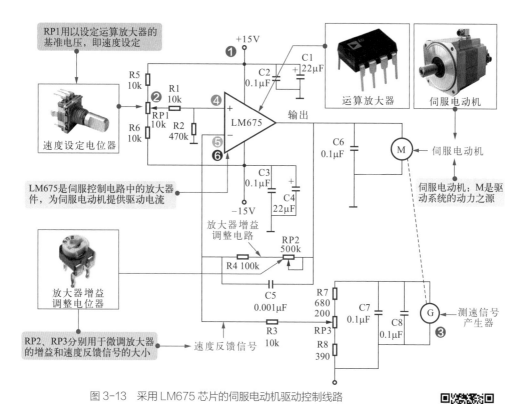

图 3-13 采用 LM675 芯片的伺服电动机驱动控制线路

采用 LM675 芯片
的伺服电动机驱
动控制线路

（2）采用 LM675 芯片的伺服电动机的控制过程

伺服系统中驱动电路可根据指令信号对电动机进行控制。如下分四步介绍伺服控制电路的工作过程。

① 伺服控制电路的初始工作过程　伺服电路的初始工作状态如图 3-14 所示，初始工作状态时直流电动机（伺服电动机）的驱动电压为 6V，电动机的转速为 5000r/min。此时输入指令电压为 5.12V，速度信号经频率检测电路后输出 5V 反馈信号，误差电压为 0.12V（5.12V-5V=0.12V）。在电路中伺服放大器的增益 A=50，则输出驱动电压为 6V（0.12V×50=6V）。

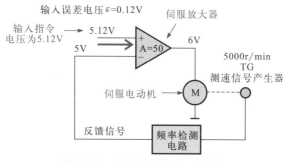

图 3-14　伺服电路的初始工作状态

② 电动机负载增加时的工作状态　电动机负载增加时的工作状态如图 3-15 所示，当负载增加时电动机的速度会下降，其速度下降为 4960r/min，此时测速信号经频率检测电路后输出为 4.96V，速度信号反馈到伺服放大器的输入端，指令电压与反馈电压之差的电压增加，即 5.12-4.96=0.16V，经伺服放大器放大后（增益 A=50），则输出驱动电压为 0.16V×50=8V。在这种情况下，电动机的负载增加，引起转速下降，伺服放大器的输出电压会自动增加，从 5V 增加到 8V，从而可增加电动机的输出功率。

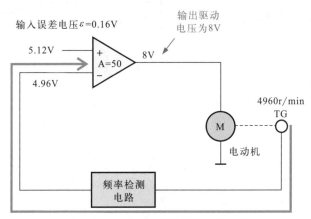

图 3-15　电动机负载增加时的工作状态

③ 电动机负载进一步加重时的工作状态　如果负载进一步加重，电动机的速度会进一步降低，当速度下降为 4920r/min 时，频率检测电路的输出会减小为 4.92V，伺服放大器的输入误差电压会变成 0.2V，放大器的输出电压会增加到 10V，如图 3-16 所示。

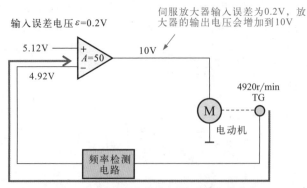

图 3-16　电动机负载进一步加重的工作状态

④ 电动机的负载减轻时的工作状态　反之，如果电动机的负载减轻，电动机的转速会升高，伺服放大器的输入误差电压会减小，伺服放大器的输出电压

会降低。伺服放大器会根据电动机的转速自动控制电动机的转速。如果改变输入指令电压的值，伺服放大器的跟踪目标值会发生变化，电动机会按指令的值改变转速。

3.2.2 桥式伺服电动机驱动控制线路

图 3-17 是桥式伺服电动机驱动控制线路，这种电路是利用桥式电路的结构检测电动机的速度误差，再通过负反馈环路控制加给电动机的电压，从而达到稳速的目的。

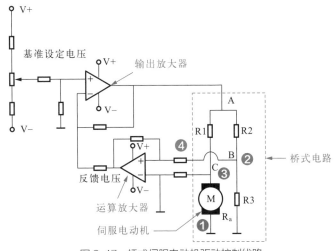

图 3-17　桥式伺服电动机驱动控制线路

【1】伺服电动机接在桥式电路中，A 点经串联电阻为电动机供电，C 点的电压会受到电动机反电动势能的作用发生波动。

【2】B 点为电阻分压电路，其电压可作为基准。

【3】当电动机转速升高时，C 点的电压会上升，经运算放大器后作为速度反馈信号的电压也会上升，经与基准设定电压比较（输出放大器是一个电压比较器），会使输出电压下降，A 点的供电电压也会下降，电动机会自动降速。

【4】电动机速度下降后 C 点的电压会低于 B 点，经运算放大器后反馈电压会减小，从而使输出放大器的输出电压上升，又会使电动机的速度上升。这样就能将电动机的转速稳定在一定范围内。

3.2.3 采用 NJM2611 芯片的伺服电动机驱动控制线路

图 3-18 是采用 NJM2611 芯片的伺服电动机驱动控制线路。图 3-19 是 NJM2611 芯片的内部功能框图。

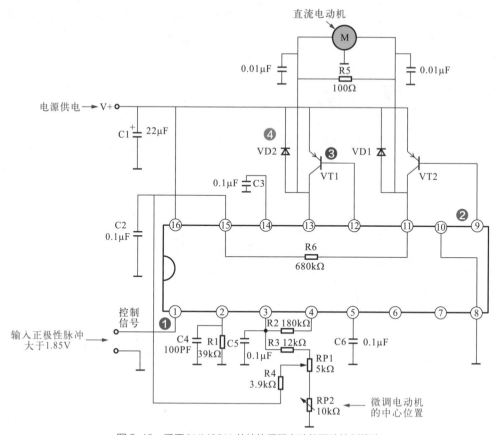

图 3-18 采用 NJM2611 芯片的伺服电动机驱动控制线路

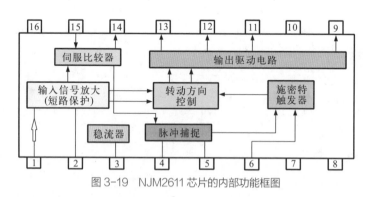

图 3-19 NJM2611 芯片的内部功能框图

【1】控制信号（大于 1.85 V 的正极性脉冲）加到芯片的 1 脚，经输入信号放大后在芯片内送入伺服比较器与 15 脚送来的反馈信号进行比较。

【2】比较获得的误差信号经脉冲捕捉和触发器送到转动方向控制电路，经控制后由 9 脚和 12 脚输出控制信号。

【3】控制信号分别经 VT1 和 VT2 去驱动电动机。

【4】VD1、VD2 为保护二极管。

3.2.4 采用 TLE4206 芯片的伺服电动机驱动控制线路

图 3-20 是采用 TLE4206 芯片的伺服电动机驱动控制线路。它的主要电路都集成在芯片中。

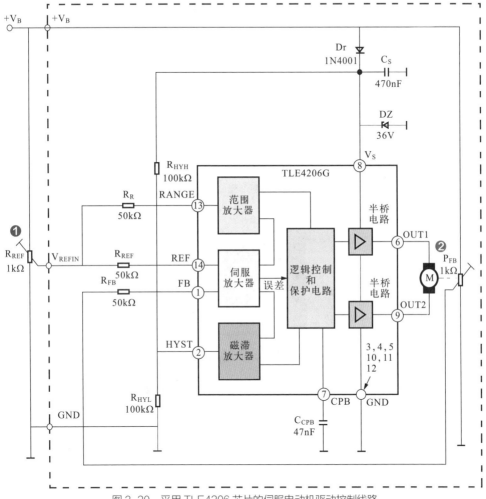

图 3-20 采用 TLE4206 芯片的伺服电动机驱动控制线路

【1】速度设置由电位器 R_{REF} 确定，该信号作为基准信号送入芯片的伺服放大器中。

【2】基准信号与电动机连动的电位器 P_{FB} 的输出作为负反馈信号也送到伺服放大器中，反馈信号与基准电压进行比较，从而输出误差信号，误差信号经逻辑控制电路后经两个半桥电路为直流电动机提供驱动信号。

3.3 数控设备电气控制

3.3.1 数控设备的电气控制

(1) 数控设备特点

数控机床是一种集精密机械、电子电气、液压传动、气动和光检测、传输与控制等多种学科于一体的高度一体化的设备。其核心是计算机控制系统。

要实现对机床的高精度控制，需要用准确的几何信息描述刀具和零件的相对运动，以及用工艺信息描述机床加工所具备的一些工艺参数，自动控制零件的加工精度。

对于复杂零件的加工，必须靠数控机床来完成。例如，发动机涡轮叶片、飞机螺旋桨、异形齿轮、复杂零件的模具，普通机床是难以完成的。如使用数控机床则可将复杂零件的各种参数输入给机床的控制中心，机床可对零件及刀具进行控制，自动完成加工任务，如图 3-21 所示。

图 3-21　数控机床可自动完成复杂零件的加工

普通机床通常是在三个轴的方向实现零件和刀具的相对运动，从而完成简单零件的加工。车床是由主轴电动机驱动夹头旋转，夹头夹住圆柱形零件旋转。刀具夹安装在水平移动的导轨上，可在人工操作下进行径向（X 方向）和轴向（Z 方向）进刀或退刀，完成圆柱形零件的加工，并通过卡尺和千分表一边加工一边测量，来保证加工零件的光洁度和尺寸精度。刨床则是将刀具夹固定在水平（X 方向）运动的刨头上，可通过人工操作使刀具在上下（Z 方向）和左右（Y 方向）方向移动，控制进刀量，零件被夹在工作台上，工作台可在 Y 方向移动，通常加工矩形零件。龙门式铣床工作台面积比较大，并可在水平方向往复运行、刀具夹可安装在龙门支架上，借助于龙门式支架可进行上下左右移动，也可以使刀具旋转，进行较为复杂的大型零件加工。

数控机床是在简单的三轴基础上增加了多轴联动系统。这样更适合复杂零件的自动加工。由于不同零件的加工需要,数控机床有四轴联动机床,还有五轴联动机床,六轴、七轴、九轴等。此外还有单一功能的数控机床,如数控车床、数控磨床、数控铣床。如图 3-22 所示,为满足复杂零件的加工,将各种功能的数控机床集于一身,这种数控机床被称之为数控精密加工中心。

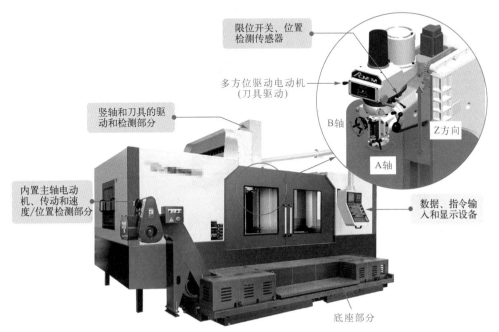

图 3-22 卧式数控精密加工中心

(2) 数控设备的结构

图 3-23 为典型数控机床的结构。它比普通机床多了一个控制箱,该箱体上设有人工指令的输入键盘以及工作状态和数据显示的液晶显示器。箱体内还设有数字控制中心,该中心可根据人工启停指令和工作程序对机床内的多个驱动电动机和伺服电动机的驱动电路发送指令及相关信号。机床工作台上装有被加工零件,刀具安装在可多个方位运动的刀架上,通过对各方位电动机的控制对零件进行自动加工,同时对被加工零件的尺寸精度进行测量,伺服控制系统根据测量的结果进行自动跟踪控制,实现零件的精密加工。

简单地说,数控机床是由机床主体和数控装置组成的。机床主体是由驱动工作台运动的部分、驱动刀具运动的部分以及辅助装置组成的。

数控装置则是由数字控制芯片及外围电路、加工程序载体及存储装置、伺服驱动装置及伺服电动机、电源供电等部分构成的。其组成如图 3-24 所示。

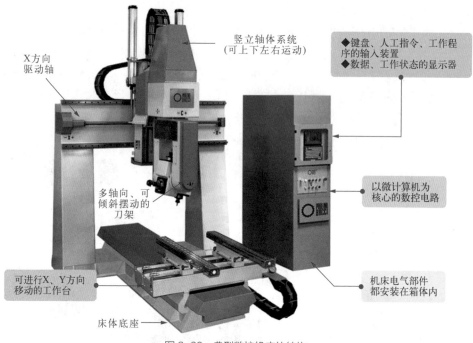

图 3-23　典型数控机床的结构

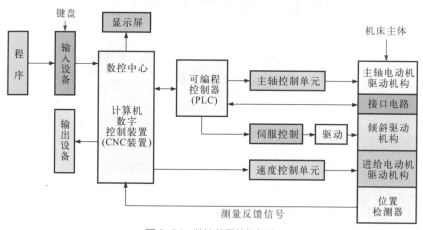

图 3-24　数控装置结构组成

（3）数控系统

数控机床在进行零部件的加工过程中，不需要操作人员直接去操作机床，只需要开启电源以及开启工作的键钮，数控系统便会根据事先编制的程序对机床的各部分进行控制。因而加工程序的编制是零件加工前的首要环节。数控机床的工作程序中，包括机床上刀具和零件（工作台）的相对运动轨迹，同时还有刀具进刀量和主轴转速等工艺参数。零件的加工程序需要用一定格式的文件和代码来表示，并存储在一种程序载体上，如 U 盘、存储卡等。单片机使用数据线，电脑控制器则使用 U 盘将程序输入到数据系统。再通过数控机床的程序和数据输入装置，将程序送到数控系统中的数字化控制单元，即以计算机为中心的自动控制单元，简称 CNC（Computer Numerical Control）。

数控系统是数控机床的控制核心，即 CNC 控制系统。数控系统通常由多个微处理器和外围电路构成，近年来数控技术的发展很快，特别是高性能数控系统的芯片技术成为各大厂商关注的焦点。图 3-25 是一种较为先进的数控芯片之一，它集成了数控系统的主要电路功能，它以程序化的软件形式实现数字控制功能，这种方式又称之为软件数控（Software NC）。图 3-26 是数控系统的主要部件。

图 3-25　数控芯片

图 3-26　数控系统的主要部件

数控系统（CNC）是一种精密位置控制系统，它是根据输入数据插补出理想的运动轨迹。插补（Interpolation），即数控系统依照一定的方法确定刀具运动轨迹的过程，经插补处理后再输出到执行部件。执行部件往往是伺服电动机控制的刀具。刀具与零件的相对运动完成切削工作。

数控系统（CNC）的方框图如图 3-27 所示，它主要是由控制单元、程序和开关量输入单元、控制信号输出单元三个基本部分构成。而所有的这些工作都是由微处理器的系统程序进行合理地组织，使整个系统协调地进行工作。

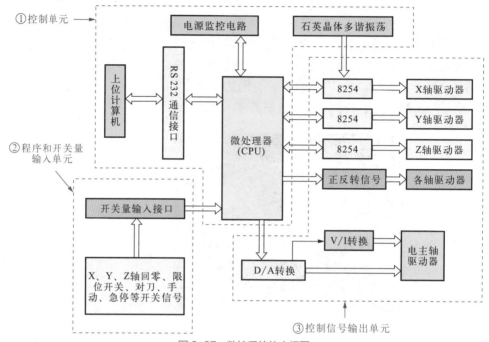

图 3-27　数控系统的方框图

数控系统各部分的结构和功能如下：

① 开关量输入单元　开关量输入单元将 X、Y、Z 轴的回零、限位开关、对刀、手动、急停等开关信号，通过开关量输入接口送入主控微处理器（CPU）。这部分也是将数控的指令送给数控系统的核心部分。根据程序的载体不同，设有相应的输入装置。其中，键盘输入设备是不可缺少的部分，此外还有 U 盘的输入装置。计算机辅助设计和计算机辅助制造系统，即 CAD/CAM 系统是采用直接通信的方式输入和连接上级计算机的 DNC（直接数控）输入方式。

在具备会话编程功能的数控装置上，可按照显示器上提示的选项，选择不同的菜单，用人机对话的方式输入有关零件加工尺寸的数字，就可以自动生成加工程序。

采用直接数控（DNC）的输入方式，把被加工零件的加工程序保存在上级计算机中（上位机），数控系统一边加工一边接收来自计算机的程序，这种方式多采用 CAD/CAM 软件设计的加工程序，直接生成零件的加工程序。图 3-28 是典型数控机床的数据、程序输入和显示设备。

② 数据处理和控制单元　数据处理和控制单元就是数控机床的控制中心，它接收来自键盘的人工指令和控制信息，并根据指令调用工作程序，从而对机床的各部件输

出控制信号。同时还接收来自各部分的反馈信息，例如限位开关、温度、湿度、尺寸精度等。对各种信息进行处理，并对各部部件进行控制。

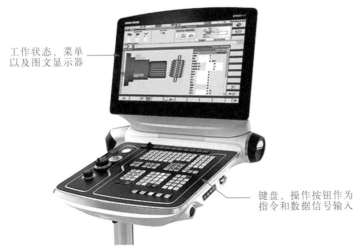

工作状态、菜单
以及图文显示器

键盘、操作按钮作为
指令和数据信号输入

图3-28　典型数据机床的数据、程序输入和显示设备

控制中心将人工指令和加工数据变成计算机能识别的信息，由信息处理部分按照控制程序的规定，通过输出单元发出位置和速度指令给各伺服系统和主运动控制部分。同时将有关的数据进行存储。人工指令和数据包括零件的外形尺寸信息，刀具的起始点、终止点、运动的轨迹是直线还是弧线，加工速度及其他辅助加工信息。其中包括刀具的更换、工作台和刀具的运动速度、照明、冷却液的控制等。数控芯片的结构如图3-29所示。

(a) 数控系统的输出芯片　　　　　　(b) 数控系统的核心处理器

图3-29　数控芯片的结构

③ 控制信号输出单元　数控机床的控制中心对机床各部分的控制通过输出单元（输出接口电路）与各伺服机构相连。输出接口电路根据控制器的指令接收主处理器的输出指令脉冲，并把它送到各坐标的伺服控制系统。在数控机床中设有多个伺服电动

机和多套伺服驱动电路，来共同完成刀具和零件的相对运动。

（4）自动跟踪伺服系统

伺服系统是数控机床的重要组成部分，用于实现数控机床的刀具进给伺服控制和主轴的伺服控制。进给伺服主要是对刀具驱动电动机进行控制，以实现对零件加工切削量和尺寸精度的控制。主轴控制主要是对主轴电动机的速度或相位进行控制。刀具的运动往往是由多个伺服电动机通过驱动不同方向的轴向运动的结果，从而可完成复杂曲线的运动。

伺服电动机及驱动电路如图 3-30 所示，它是一种具有反馈环节的自动目标跟踪系统，伺服电动机在驱动刀具轴运转的同时，通过测速信号发生器（或测速编码器）检测电动机的速度和位置，并转换成相应的信号送到比较器与基准信号或目标信号进行比较，通过比较发现与目标的差距，这种差距被转换成误差信号，误差信号再经放大后送到驱动电路。在驱动电路中转换成转矩控制信号对电动机进行控制，使电动机的运行接近控制目标。如果电动机的运动已达到目标，则伺服系统完成了指令任务。

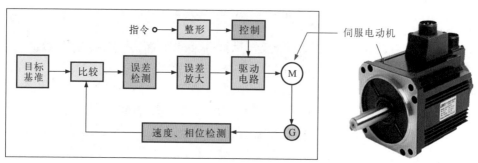

图 3-30　伺服电动机及驱动电路

在数控机床中，伺服系统的功能是把来自数控中心的指令信息经过处理和整形转换成机床部件的直线位移和角位移运动。由于伺服系统是数控机床的最后环节，其性能将直接影响数控机床的精度和速度指标。因此，对数控机床的伺服驱动装置，要求有良好的快速反应性能，准确而灵敏地跟踪数控中心发出的数字指令信号，准确地执行来自数控中心的指令，具有高度的动态跟随特性和静态跟踪精度。

伺服系统包括伺服电路、伺服电动机和执行机构。数控机床中往往设有多个伺服电动机和多套伺服电路，每个伺服电动机都与驱动机构（执行机构）紧密结合在一起。例如一台数控机床中具有主轴伺服控制系统、刀具进给伺服驱动系统，两者需要配合运动。刀具进给伺服驱动系统具有多套子系统，即多方向的驱动控制机构。伺服电动机根据其功能不同，有些地方采用步进电动机，有些地方采用直流伺服电动机，还有的采用交流伺服电动机。电动机的功率根据所驱动的机构进行选取。

在伺服系统中，测量元件将数控机床中各坐标轴的实际位移检测出来，并经反馈系统输入到机床的数控装置中，数控装置对反馈回来的实际位移值与指令值（控制目标的值）进行比较，并向伺服系统输出达到设定的目标值所需要的位移指令。

（5）数控设备的控制线路

图 3-31 是数控机床控制系统的电路框图。该控制系统是以主控芯片为核心的自动控制系统，其中的芯片为 FANUC-18i，它是集 CNC 和 PMC 于一体的芯片，即数控功能和生产物料控制功能的集合体。它是一种具有网络功能的超小型、超薄型控制芯片，可进行超高速串行数据通信功能，其中插补、位置检测和伺服控制的精度可达纳米级。

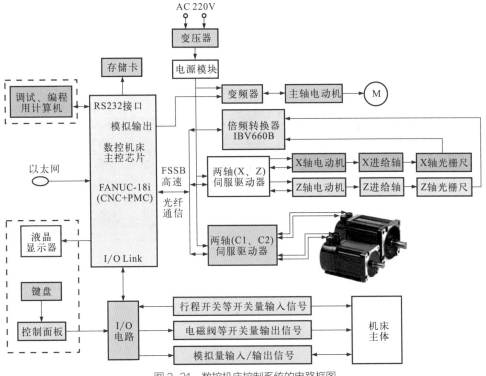

图 3-31 数控机床控制系统的电路框图

从图 3-31 可见，调试和编程用计算机（PC）将程序通过 RS232 接口输入给数控机床的主控芯片，并存储到芯片外围的存储卡中，人工指令和操作数据通过键盘和控制面板以及 I/O 接口电路也送入主控芯片之中，主控芯片直接控制液晶显示器，显示工作状态及相关数据，以此进行人机交互。

工作时，主控芯片根据程序输出各种控制信号，它具有模拟输出和数字输出接口。由模拟输出接口输出主轴电动机的控制指令，并送到变频器模块，由变频器输出变频信号去驱动主轴电动机。

该机床的 X 轴、Z 轴和 C1 轴、C2 轴都是由伺服电动机驱动的。主控芯片通过光纤通信接口输出高速串行信号，分别送到各自的伺服驱动电路中。伺服驱动器分别对电动机进行控制。伺服驱动系统都是闭环控制系统，电动机转动时，电动机的速度和相位通过位置光栅反馈到伺服控制器，从而可自动完成各轴的运动，使刀具和工件之间的相对运行受到精密的控制。

此外，主控芯片还通过 I/O 接口电路为机床提供电磁阀等开关量的控制信号和模拟量的输入/输出信号，同时机床还将行程开关的状态信号送到主控芯片之中。

交流 220V 电源经变压器和电源模块产生多种直流电压为芯片、伺服驱动器和变频器等提供电源。

CNC 控制系统的结构和功能如图 3-32 所示，图中 CNC 主控装置是数控机床的

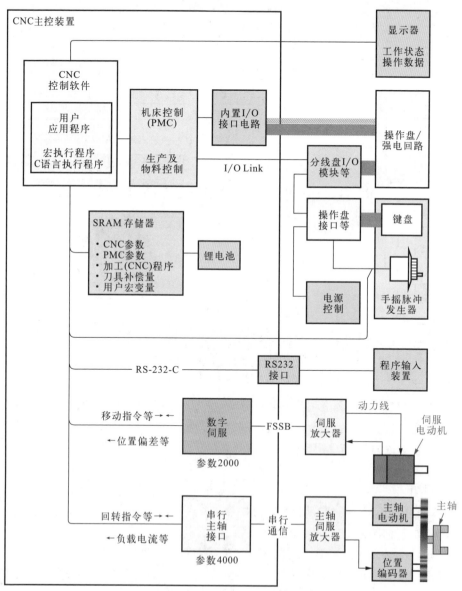

图 3-32　CNC 控制系统的结构和功能

控制核心，它接收外部程序和操作指令，作为数控机床自动工作的依据，这就是 CNC 的控制软件，其中主要的是用户应用程序（宏执行程序和 C 语言执行程序）。此外，数据存储器（SRAM）中存储了 CNC 参数、PMC（生产及物料的控制）参数、加工（CNC）程序、刀具补偿量和用户宏变量等数据。存储器由锂电池供电，即使机床断电停机，存储器内的数据也不会丢失。

CNC 主控装置根据程序将移动指令转换成数字伺服的控制信号。数字伺服通过高速数据通信（FSSB）对外部的伺服放大器进行控制。伺服放大器对伺服电动机进行驱动控制。伺服电动机的速度和相位号作为位置偏差反馈到伺服放大器，再经数据线送回 CNC 主控装置，通过反馈控制缩小加工误差。

CNC 主控装置对主轴电动机的控制是将回转指令通过串行主轴接口将指令变成串行数据信号送到主轴伺服放大器，伺服放大输出驱动信号到主轴电动机，主轴电动机通过传动机构驱动主轴旋转。主轴电动机在转动时也带动位置信号编码器，这个编码器将主轴的位置变成编码信号送回 CNC 主控装置。

人工指令通过键盘和手摇脉冲发生器送给 CNC 主控装置。手摇脉冲发生器（Manual Pulse Generator）也称手轮或电子手轮，用于对数控机床原点的设定，步进微调与中断插入等操作，其典型结构如图 3-33 所示。

手轮

手轮

图 3-33　手轮的典型结构

数控机床的工作状态、数据及相关程序的运行状态，都通过显示器显示出来，为操作人员提供方便。

目前，CNC 主控装置的主要电路都集成在一个集成芯片之中，整个体积朝着轻小、超薄的方向发展。不同生产厂家的芯片型号、组成都有一些差别，但其主要功能基本相同。

图 3-34 是一种采用西门子数控系统的结构框图，其控制核心部件是由 CNC 和 PLC 组成的，它具有人工指令、数据和程序的输入接口，也具有驱动控制的总线接口以及自动控制的现场总线接口，可以分别控制 5 个伺服电动机协调运转。

① 程序、指令和数据输入接口　工作时，操作人员可以通过机床操作面板输入人工指令，经人工指令输入模块送到控制中心。此外，编程器编制的工作程序通过 X5 接口，键盘的指令和数据通过 X9 接口，电子手轮的数据通过 X30 接口都可以送入控制

中心。这些程序、数据和指令都是控制中心工作的依据。

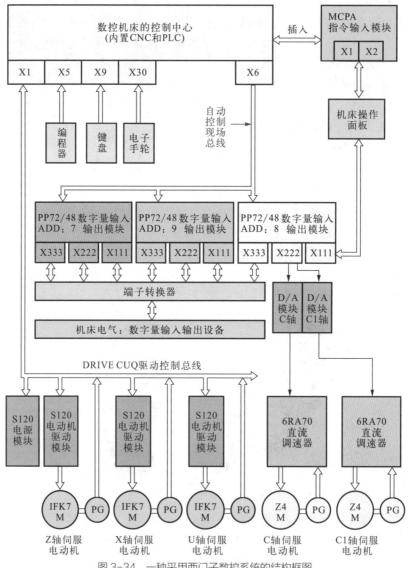

图 3-34　一种采用西门子数控系统的结构框图

② 自动控制现场总线接口　控制中心的 X6 是现场总线接口，它与三个数字量输入输出模块相连。机床电气的数字输入输出设备通过端子转换器与数字量输入输出模块相连，用于接收控制中心的开关和控制信号，以及向控制中心反馈机床的状态信息。

该接口还通过 D/A 转换器模块，输出 C 轴和 C1 轴驱动电动机的调速控制信号。

控制中心通过 X1 接口与 Z 轴电动机的驱动模块、X 轴电动机的驱动模块和 U 轴电动机的驱动模块相连，输出电动机的驱动信号。每个电动机都有驱动信号输入口和测速信号输出口（PG），测速信号是通过检测电动机转子的速度和相位而得到的位置信号，位置信号通过总线返送到控制中心，同目标值相比较，其误差信号经放大整形后再去控制电动机，从而对电动机进行精准的控制。

3.3.2 数控设备的驱动线路

图 3-35 是典型数控铣床的电路构成。该电路是以工控机床控制核心（CNC）为中心的自动控制电路。该电路的主要控制对象是五个伺服电动机的驱动系统。机床控制核心（CNC）通过光缆将光信号送到 X、Y 轴伺服驱动器，经伺服驱动器再经光缆对 Z 轴伺服驱动器进行控制。光信号经光电耦合器将光信号变成电信号，对 X、Y、Z 轴电动机的伺服电路提供控制信号。X、Y、Z 轴驱动电动机都带有速度和位置信号的编码器，编码器将电动机的速度和位置信号编码成数字信号再反馈到伺服驱动器，通过对速度和位置的检测进行精密控制。

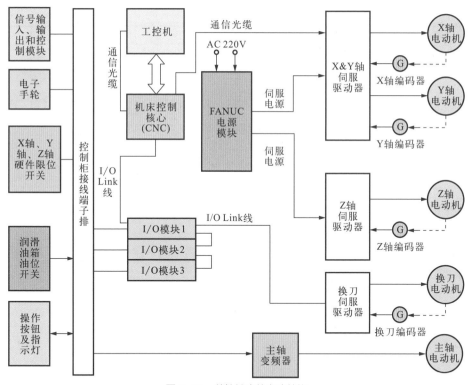

图 3-35　数控铣床的电路结构

换刀伺服驱动系统接收来自机床控制核心（CNC）通过 O/I Link 线路和 I/O 模块送来的信号，换刀电动机也带有换刀的位置编码器，伺服系统通过对编码器信号的检测实现对换刀动作的控制。

主轴电动机采用变频驱动的方式，控制核心经控制柜的接线端子排为变频器输送控制信号，变频器为主轴电动机提供变频电压。

此外，信号输入 / 输出和控制模块，电子手轮，X、Y、Z 轴的限位开关，油位开关，操作按钮和指示灯等都通过控制柜接线端子排与主控核心（CNC）相连。

（1）数控机床控制芯片与各部分的控制关系

图 3-36 是数控机床控制芯片 TMS320F240 与机床各部分的控制关系。在机床的控制电路中，IC1 是整个机床电气部分的控制中心。主控芯片 IC1 与控制逻辑电路相配合并通过总线接口输出光信号，对各轴的驱动电路系统发出控制信号。光信号经光电耦合器（具有隔离功能）变成电信号对各轴电动机进行控制。机床的 X 轴和 Z 轴驱动都采用步进电动机，电路通过对脉冲的频率和脉冲数的控制，实现精密控制。主轴电动机采用交流伺服电动机，该电动机带有编码信号发生器，其速度和位置通过编码器再经逻辑转换电路和 I/O 扩展电路送回主控芯片。总线接口的信号直接经驱动电路对转位电动机进行控制，转位电动机直驱动刀架对刀具的进刀量进行控制。

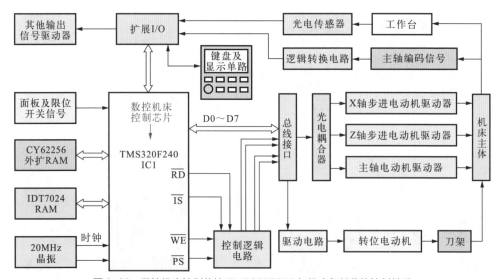

图 3-36　数控机床控制芯片 TMS320F240 与机床各部分的控制关系

工作台的位置由光电检测传感器检测并经 I/O 扩展电路送给主控芯片。

此外，晶振（20MHz）与芯片配合产生主控电路所需要的时钟信号，CY62256 外扩 RAM 和 IDT7024 RAM 为主控芯片存储各种数据和程序。

（2）采用 TMS320LF2407 数字信号控制器的主轴电动机控制电路

图 3-37 是采用 TMS320LF2407 数字信号控制器的主轴电动机控制电路，它是以 TMS320LF2407 芯片为核心的控制电路。交流 220V 电源经桥式整流输出约 300V 的直流电压，再经电感

采用 TMS320LF2407
数字信号控制器的主轴
电动机控制线路

器 L1 和滤波电容 C1 为逆变器电路供电，逆变器的输出 A、B、C 端分别接到三相异步电动机的三个端子上。逆变器电路由六个场效应晶体管组成，控制六个场效应管的导通和截止顺序就可以控制电动机绕组中的电流方向。如 V1、V2 导通，其他均截止，则电流会从 A 端流出，由 C 端返回，并经 V2 到地。如 V3、V4 导通，其他截止，则电流从 B 端流出经电动机绕组后返回 A 端，并经 V4 到地。

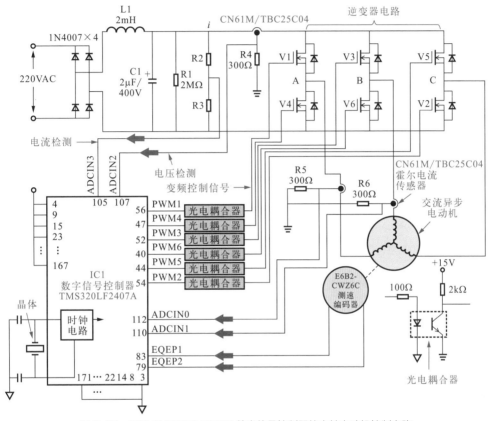

图 3-37　采用 TMS320LF2407 数字信号控制器的主轴电动机控制电路

V1 ~ V6 场效应晶体管是由 IC1 控制的，IC1 的 6 个输出端按顺序输出控制脉冲，经光电耦合器去控制场效应晶体管，IC1 的输出端输出高电平时，光耦中的发光二极管发光，光敏晶体管导通，光耦输出低电平，相应的场效应晶体管截止。IC1 输出低电平时，光敏晶体管截止，光耦输出高电平，相应的场效应晶体管导通。通过逻辑控制，使电动机三相绕组中的电流循环导通，形成旋转磁场，电动机则可旋转起来，控制信号的频率变化，则电动机的转速也随之变化，这样就可以实现变频控制。

电动机旋转时，测速编码器也随电动机一起旋转，编码器将电动机的转速信号（含相位信号）变成电信号并送回 IC1 的 79 脚、83 脚，作为 IC1 的控制依据。同时在电路的多个点设有霍尔电流传感器（CN61M/TBC25C04）进行电流和电压的检测，以检测电路的工作状态，保证系统的正常运行。

(3) 主轴电动机变频驱动电路

图3-38是数控机床主轴电动机的变频驱动电路实例。数控机床的数控芯片

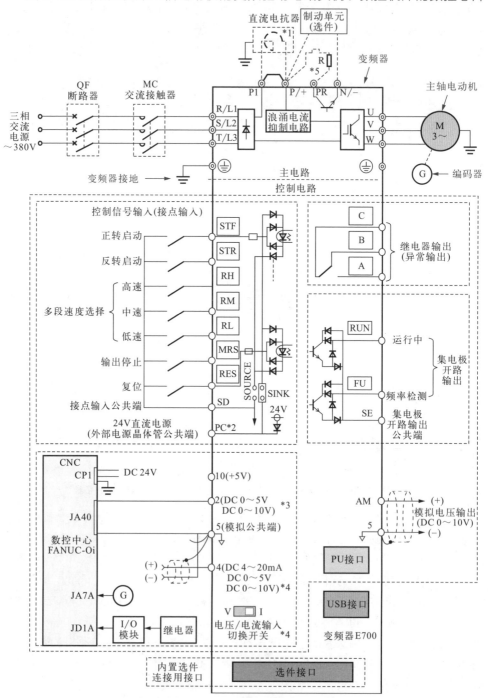

图3-38 数控机床主轴电动机的变频驱动电路实例

（FANUC-Oi）的 JA40 输出口输出变频控制信号，该信号送到 E700 变频器的控制端。E700 是一套完整的变频驱动电路。交流三相 380V 电压经断路器（QF）和交流接触器（MC）送到变频器的 R、S、T 端，经整流器、直流电抗器、浪涌电流抑制电路、制动单元变成直流电电压，为逆变器供电。逆变器在数控芯片的控制下输出变频信号，去驱动主轴电动机。主轴电动机的转子带动编码器（G），编码器将电动机的速度和位置变成电信号再送回数控中心，由数控中心进行判别，然后进一步输出控制信号。

*1：直流电抗器（FR-HEL），连接直流电抗器时，应取下 P1-P/+ 之间的短路片。

*2：端子 PC-SD 间作为 DC 24V 电源使用时，应注意两端子间不要短路。

*3：可通过模拟量输入选择（Pr.73）进行变更（Pr.73 为设定参数）。

*4：可通过模拟量输入选择（Pr.267）进行变更。当设为电压输入（0～5V/0～10V）时，应将电压/电流输入切换开关置为"V"，电流输入（4～20mA）时，置为"I"（初始值）。

*5：制动电阻器（FR-ABR 型），为防止制动电阻器过热或烧损，应安装热敏继电器。

（4）数控机床伺服电动机的驱动电路

图 3-39 是数控机床伺服电动机的驱动电路，该电路是由位置控制、速度控制、电流控制、伺服放大器和交流伺服电动机等部分组成的。电动机上设有速度和位置信号检测器（PG），该检测器是与电动机转子同步转动的。

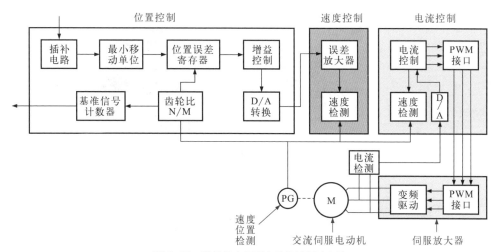

图 3-39　数控机床伺服电动机的驱动电路

位置控制电路是将电动机的位置信号经齿轮比（N/M）分频后与插补电路送来的目

标（基准）信号进行比较，并取得位置误差信号，再经增益控制电路调整增益后，由 D/A 转换器变成模拟信号。该信号送到速度控制电路中的误差放大器，由电动机 PG 产生的速度信号也送到速度控制电路中。两信号在误差放大器中进行速度比较，求得速度误差信号，再进行放大形成速度控制信号。速度控制信号再送到电流控制电路，同时电动机速度检测的信号也送到电流控制电路，从驱动电动机线路中取得的电流检测信号经 D/A 转换器也送到电流控制电路。电流控制电路形成三相变频控制信号，经 PWM 接口送到伺服放大器中，经逆变器变成三相变频电压去驱动电动机，使电动机受到精密的控制。

3.4 机器人控制

3.4.1 机器人电气控制系统

（1）机器人的基本结构

图 3-40 是两种典型工业机器人的结构，它们是在生产线上常见的机器人。此类机器人的功能比较单一，只相当于一个机械臂或机械手。它们是由多个可转动的轴和机械臂组成的，可进行多方位运动，每个轴都由伺服机构组成，互相协调运动，最终可达到人们所希望的结果。

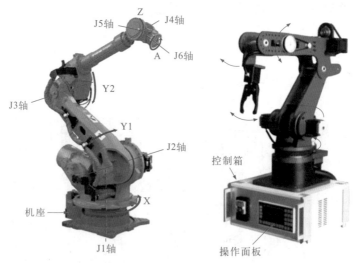

图 3-40 典型工业机器人的结构

每个机器人都由机器人的机械部分和电气控制部分组成。电气控制部分被称之为机器人控制器，它与数控机床控制部分的结构和功能类似，也是以计算机为核心的控制系统。该系统有人工指令、数据和程序的输入和存储部分，有液晶显示器用以显示机器人的工作状态、工作数据参数等项，有键盘可以方便地输入数据和指令。控制中心对各伺服电动机输出控制信号，同时接收来自电动机的速度、相位等位置信号，同时输出有关电和气的阀门、开关等的控制信号，使整个机器人系统协调一致。

其中，检测各伺服机构运动是否到位的各型传感器是伺服系统反馈环节的重要器件。

（2）机器人控制系统的结构

机器人控制系统根据控制方式可分为三类。

① 集中控制系统　即使用一台计算机（PC）实现集中控制功能，该机内部设有多种控制卡，外部传感器都可以通过标准 PCI 插槽或标准串口/并口连接到控制系统中。这种方式硬件成本低，便于信息的采集和分析，易于实现系统的最优控制，整体性与协调性较好。

② 主从控制系统　整个控制系统由主、从两级处理器（CPU）构成。主处理器实现管理、坐标变换、轨迹生成和系统自诊等功能。从处理器实现所有环节的控制功能。这种方式实时性好，适于高精度、高速度控制。

③ 分散控制系统　这种控制系统分成几个模块联合实现整体控制功能，每个模块有不同的控制项目和控制方式。各模块之间可以是主从关系，也可以是平等关系，用以实现分散控制、集中管理的模式，各模块之间可以通过网络进行通信。

其中主从控制系统通常是由上位机、下位机和网络组成。上位机是指直接发出指令的计算机（一般是 PC/host computer/Master computer/Upper computer），屏幕上能显示各种信号变化（液压、水位、温度等）。下位机是直接控制设备，获取设备状态的计算机（一般是 PLC/单片机）。上位机发出的指令先给下位机，下位机再根据此指令解释成相对应的时序信号，直接控制相应的设备。下位机还不时读取设备的状态数据，如果是模拟量，再转换成数字量反馈给上位机。上位机可进行不同的轨迹规划和控制算法。下位机进行插补细分和控制优化等操作。插补就是数控机床系统依照一定的方法确定刀具运动轨迹的过程。已知曲线上的某些数据，按照某种算法计算已知点之间的中间点数据的方法。这个过程也称数据点的密化，完成这种机能的过程被称为插补。上位机和下位机通过通信总线相互协调工作，这里的通信总线可以是 RS 232、RS 485、EEE 488 以及 USB 总线等形式。目前以太网和现场总线技术为机器人各单元之间提供了快捷有效的通信服务。

图 3-41 是典型汽车装配机器人控制器的结构框图。机器人控制器的核心是一个以超大规模集成芯片为中心的控制电路，该电路俗称"工控机"，它类似于电脑中的 CPU 芯片。工控机（Industrial Personal Computer，IPC）即工业控制计算机，它具有计算机主板、CPU 芯片、硬盘内存、外设及接口，并有操作系统，控制网络和协议。

机器人控制中心最大的特点是具有高速数据处理能力。人机界面采用与工控机配套的触摸屏和液晶显示器，方便显示主机的工作状态、数据等，也方便人工指令和各种参数的输入。设置在机器人各部位的传感器为控制中心提供各运动机构的状态和位置信息，系统中设有多个 PSD 位置传感模块。机器人系统中还设有多个伺服机构，其中伺服电动机是其动力源，伺服机构是机器人控制器的主要控制对象。机器人在工作时，几乎处于全自动工作状态，为了人员和设备的安全，在控制系统中设有多重安全防护措施。此外，电源模块也是受控制中心控制的，它为机器人的各种电气部分供电。一种将交流三相电源或交流单相电源变成驱动伺服电动机的电源，另一种为集成电路、晶体管和各种传感器提供直流稳压电源。机器人控制器往往安装在一个金属盒中，通过连接插座或接口与各个电路单元连接，典型的结构如图 3-42 所示。

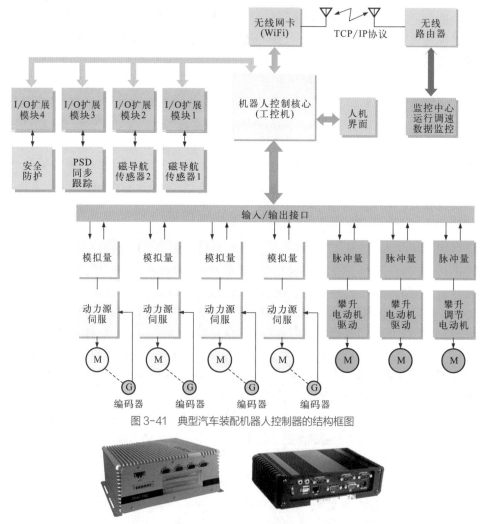

图 3-41　典型汽车装配机器人控制器的结构框图

图 3-42　机器人控制器的典型结构

3.4.2　机器人直流供电线路

机器人的供电电路通常分为两种。小型可移动机器人是由可充电电池进行供电的，充电后才能工作。固定式机器人（机械臂）通常由交流电源进行供电，有的使用交流单相 220V 供电，有的由交流三相 380V 供电。

（1）机器人的直流供电方式

图 3-43 是机器人的直流供电方式。该电路适用于小功率可移动机器人的电源系统，这种机器人具有充电接口，由外部充电器为机内的电池组充电。外部直流充电电压在充电管理电路的控制下以一定的电压和电流对电池组进行充电。电路中设有电流检测与控制电路、电压检测与控制电路。充电完成后，电池组的输出经电流、电压检测与控制电路输出三路电源。一路经过开关电源（DC/DC）和低压差稳压器输出 3.3V 小电流，为小信号处理电路供电。另一路经开关电源（DC/DC）输出 3.3V 大电流，为机器人的大电流芯片供电。第三路输出为电动机供电的电源。电源电路的供电对象是数据采集电路、处理运算电路和电动机驱动电路。

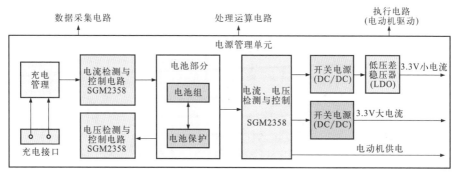

图 3-43　机器人的直流供电方式

（2）机器人直流电动机的供电和驱动线路

机器人直流电动机的供电和驱动线路

图 3-44 是机器人直流电动机的供电和驱动线路。电动机采用桥式驱动电路，IR2103 芯片和两只场效应驱动晶体管构成一个半桥电路，两组构成全桥电路，可实现电动机的正、反向驱动。直流 24V 电源分别为半桥芯片和两组场效应晶体管供电。

【1】当需要电动机正转时，IC1 的 2 脚输入控制信号，同时 IC2 的 3 脚输入控制信号。

【1】→【2】IC1 的 7 脚和 IC2 的 5 脚输出高电平。

【3】高电平分别使外接的场效应晶体管 VT1 和 VT4 导通。

【4】于是 +24V 电源经 VT1→直流电动机 1 端→电动机绕组→直流电动机 2 端→VT4→0.5Ω 电阻器→地，形成回路，电动机正转。

【5】当需要电动机反转时，控制信号分别加到 IC2 的 2 脚和 IC1 的 3 脚。

【5】→【6】IC2 的 7 脚和 IC1 的 5 脚输出高电平。

【7】高电平分别使外接的场效应晶体管 VT3 和 VT2 导通。

【8】于是 +24V 电源经 VT3→直流电动机 2 端→反向流过电动机绕组→直流电动机 1 端→VT2→0.5Ω 电阻器→地，形成回路，电动机则反转。

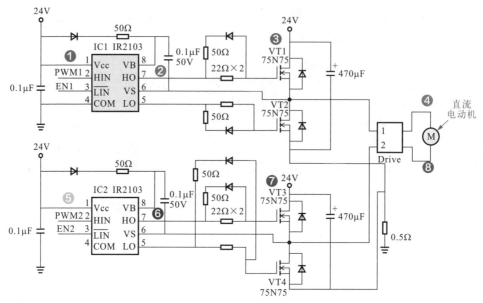

图 3-44　机器人直流电动机的供电和驱动线路

3.4.3　机器人交流供电线路

图 3-45 是采用交流供电方式的机器人电路框图。它是由交流电源（单相 220V/三相 380V）经断路器、滤波器和变压器变成多路交流电压，再经电源供给电路进行整流、稳压后为控制单元供电。控制单元在操作电路的控制下为多轴伺服放大器提供交流 210V 电压和直流 24V 电压以及操作控制信号，经伺服放大器为机器人主体中的伺服电动机提供电源。伺服电动机工作时，还把位置信号变成脉冲编码信号反馈给伺服放大器。伺服放大器与机器人主体之间设有接口电路用于互通信息。

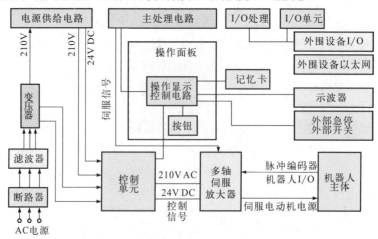

图 3-45　采用交流供电方式的机器人电路框图

主处理电路和操作显示控制电路等都是由低压直流电源提供工作电压的。

第 **4** 章

西门子 Smart 700 IE V3 触摸屏

西门子触摸屏通常称为 HMI 设备，是西门子 PLC 的图形操作终端。HMI 设备用于操作和监视机器或设备。机器或设备的状态以图形对象或信号灯的形式显示在 HMI 设备上。HMI 设备的操作控件可以对机器或设备的状态、工作过程、执行顺序等进行干预。

西门子触摸屏的规格型号较多，下面以西门子 Smart 700 IE V3 触摸屏为例介绍。

4.1 西门子 Smart 700 IE V3 触摸屏的结构

4.1.1 西门子 Smart 700 IE V3 触摸屏的结构特点

西门子 Smart 700 IE V3 触摸屏适用于小型自动化系统。该规格的触摸屏采用了增强型 CPU 和存储器，性能大幅提升。

图 4-1 为西门子 Smart 700 IE V3 触摸屏的结构组成。

西门子 Smart 700 IE V3 触摸屏介绍

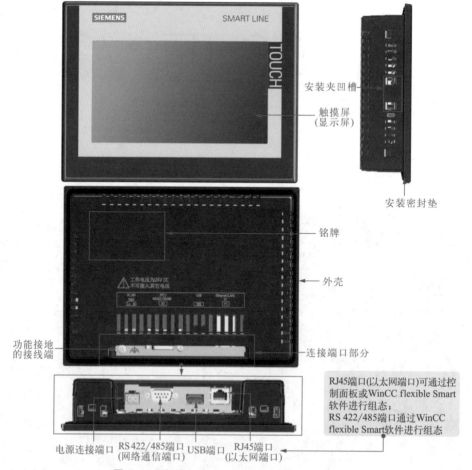

图 4-1　西门子 Smart 700 IE V3 触摸屏的结构组成

可以看到，该触摸屏除了以触摸屏为主体外，还设有多种连接端口，如电源连接端口、RS 422/485 端口、RJ45 端口（以太网）和 USB 端口等。

4.1.2　西门子 Smart 700 IE V3 触摸屏的连接端口

（1）电源连接端口

西门子 Smart 700 IE V3 触摸屏的电源连接端口位于触摸屏底部，该电源连接端口有两个引脚，分别为 24V 直流供电端和接地端，如图 4-2 所示。

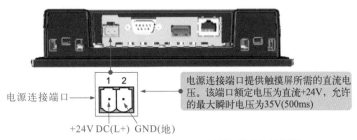

图 4-2　西门子 Smart 700 IE V3 触摸屏的电源连接端口

（2）RS 422/485 端口

RS 422/485 端口是串行数据接口标准。RS 422 是一种单机发送、多机接收的单向、平衡传输规范接口。为扩展应用范围，在 RS 422 基础上制定了 RS 485 标准，增加了多点、双向通信能力，即允许多个发送器连接到同一条总线上。

图 4-3 为西门子 Smart 700 IE V3 触摸屏的 RS 422/485 端口。

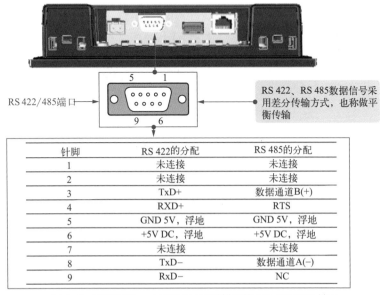

针脚	RS 422的分配	RS 485的分配
1	未连接	未连接
2	未连接	未连接
3	TxD+	数据通道B(+)
4	RXD+	RTS
5	GND 5V，浮地	GND 5V，浮地
6	+5V DC，浮地	+5V DC，浮地
7	未连接	未连接
8	TxD–	数据通道A(–)
9	RxD–	NC

图 4-3　西门子 Smart 700 IE V3 触摸屏的 RS 422/485 端口

（3）RJ45 端口

西门子 Smart 700 IE V3 触摸屏中的 RJ45 端口就是普通的网线连接插座，与计算机主板上的网络接口相同，通过普通的网络线缆连接到以太网中，如图 4-4 所示。

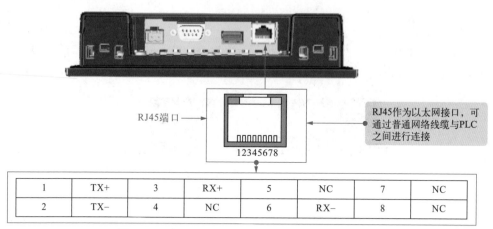

1	TX+	3	RX+	5	NC	7	NC
2	TX−	4	NC	6	RX−	8	NC

图 4-4　西门子 Smart 700 IE V3 触摸屏的 RJ45 端口

（4）USB 端口

USB 端口英文名称为 Universal Serial Bus，即通用串行总线接口。USB 接口是一种即插即用接口，支持热插拔，并且现已支持 127 种硬件设备的连接。

图 4-5 为西门子 Smart 700 IE V3 触摸屏中的 USB 端口。

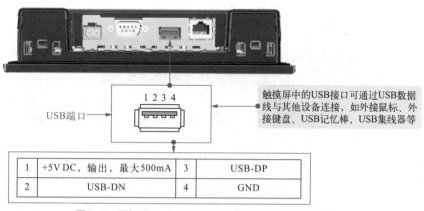

1	+5V DC，输出，最大500mA	3	USB-DP
2	USB-DN	4	GND

图 4-5　西门子 Smart 700 IE V3 触摸屏中的 USB 端口

提示说明

表 4-1 为可与西门子 Smart 700 IE V3 触摸屏兼容的 PLC 型号说明。

表 4-2 为常见西门子触摸屏型号及与之对应可兼容的 PLC 型号说明。

表 4-1　可与西门子 Smart 700 IE V3 触摸屏兼容的 PLC 型号说明

可与西门子 Smart 700 IE V3 触摸屏兼容的 PLC 型号	支持的协议
SIEMENS S7-200	以太网、PPI、MPI
SIEMENS S7-200 CN	以太网、PPI、MPI
SIEMENS S7-200 Smart	以太网、PPI、MPI
SIEMENS LOGO!	以太网
Mitsubishi FX *	点对点串行通信
Mitsubishi Protocol 4 *	多点串行通信
Modicon Modbus PLC *	点对点串行通信
Omron CP、CJ *	多点串行通信

表 4-2　常见西门子触摸屏型号及与之对应可兼容的 PLC 型号说明

西门子触摸屏型号	适用的 PLC 型号
MP370	S7-200 PLC、S7-300/400 PLC、500/505 系列 PLC
OP73	S7-200 PLC
TP270、OP270、MP270B	S5/DP PLC、S7 PLC、505 PLC
TP277、OP277	S7 PLC、S5 PLC、500/505 PLC
MP377	S7 PLC、S5 PLC、500/505 PLC
OP73、OP77A、OP77B	S7-200 PLC、S7-300/400 PLC
TP177A、TP177B、OP177B	S7-300/400 PLC、S5 PLC、S7-200 PLC、500/505 PLC
Panel 277	S5 PLC、S7 PLC、505 PLC
TP170、TP170A、TP170B、OP170B	S5 PLC、S7-200 PLC、S7-300/400 PLC、500/505 PLC
KP400、KTP400、KP100、TP700、KP900、TP900、KP1200、TP1200、TP1500、TP1900、TP2200	S7-1500 PLC、S7-1200 PLC、S7-300/400 PLC、S7-200 PLC
KTP400 Basic、KTP700 Basic、KP700 Basic DP、KTP900 Basic、KTP1200 Basic、KTP1200 Basic DP	S7-200 PLC、S7-300/400 PLC、S7-1200 PLC、S7-1500 PLC
Smart 700 IE V3 Smart 1000 IE V3	S7-200 PLC、S7-200 smart PLC、S7-200 CN PLC

4.2 西门子 Smart 700 IE V3 触摸屏的安装与连接

4.2.1 西门子 Smart 700 IE V3 触摸屏的安装

安装西门子 Smart 700 IE V3 触摸屏前，应首先了解安装的环境要求，如温度、湿度等，明确安装位置要求，如散热距离、打孔位置等后，再严格按照设备安装步骤进行安装。

（1）安装环境要求

西门子 Smart 700 IE V3 触摸屏安装必须满足其基本的环境要求，其中环境温度必须满足，如图 4-6 所示，否则将影响设备的正常运行。

图 4-6 为西门子 Smart 700 IE V3 触摸屏安装环境的温度要求（控制柜安装环境）。

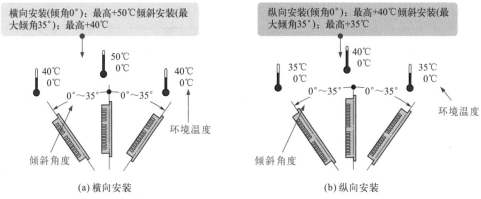

图 4-6 西门子 Smart 700 IE V3 触摸屏安装环境的温度要求

HMI 设备倾斜安装会减少设备承受的对流，因此会降低操作时所允许的最高环境温度。如果施加充分的通风，设备也要在不超过纵向安装所允许的最高环境温度下在倾斜的安装位置运行。否则，该设备可能会因过热而导致损坏。

西门子 Smart 700 IE V3 触摸屏安装环境的其他要求见表 4-3 所列。

表 4-3 西门子 Smart 700 IE V3 触摸屏安装必须满足其基本的环境要求

条件类型	运输和存储状态下	运行状态下	
温度	-20 ~ +60℃	横向安装	0 ~ 50℃
		倾斜安装，倾斜角最高 35°	0 ~ 40 ℃
温度	-20 ~ +60℃	纵向安装	0 ~ 40 ℃
		倾斜安装，倾斜角最高 35°	0 ~ 35 ℃

条件类型	运输和存储状态下	运行状态下
大气压	1080 ~ 660hPa，相当于海拔 1000m 到 3500m	1080 ~ 795hPa，相当于海拔 1000 ~ 2000m
相对湿度	10% ~ 90%，无凝露	
污染物浓度	SO$_2$：< 0.5ppm[①]；相对湿度 < 60%，无凝露 H$_2$S：< 0.1ppm；相对湿度 < 60%，无凝露	

① ppm 就是百万分率或百万分之几，在此处用于表示污染物浓度。现根据国家规定百万分率已不再使用 ppm 来表示，而统一用 3×10^{-6} 或 3mg/kg（质量分数）以及 3×10^{-6} 或 3μL/L（体积分数）。

提示说明　　HMI 设备在经过低温运输或暴露于剧烈的温度波动环境之后，应确保在其设备内外未出现冷凝（凝露）现象。HMI 设备在投入运行前，必须达到室温。不可为使 HMI 设备预热，而将其暴露在发热装置的直接辐射下。如果形成了凝露，应在开启 HMI 设备前等待约 4 小时，直到设备完全变干。

（2）安装位置要求

西门子 Smart 700 IE V3 触摸屏一般可安装在控制柜中。HMI 设备是自通风设备，对安装的位置有明确要求，包括距离控制柜四周的距离、安装允许倾斜的角度等。

图 4-7 为西门子 Smart 700 IE V3 触摸屏安装在控制柜时与四周的距离要求。

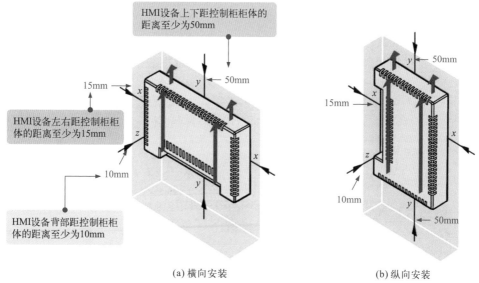

（a）横向安装　　　　（b）纵向安装

图 4-7　西门子 Smart 700 IE V3 触摸屏安装在控制柜时与四周的距离要求

（3）通用控制柜中安装打孔要求

确定西门子 Smart 700 IE V3 触摸屏的安装环境符合要求，接下来则应在控制柜中选定的位置打孔，为安装固定做好准备。

图 4-8 为在通用控制柜中安装西门子 Smart 700 IE V3 触摸屏的开孔尺寸要求。

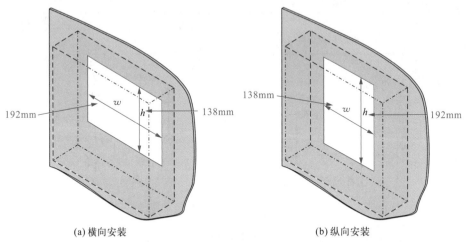

(a) 横向安装　　　　　　　　　　　　　　　(b) 纵向安装

图 4-8　在通用控制柜中安装西门子 Smart 700 IE V3 触摸屏的开孔尺寸要求

提示
说明

安装开孔区域的材料强度必须足以保证能承受住 HMI 设备以及保证安装安全。

要保证安装夹的受力或对设备的操作不会导致材料变形，应达到如下所述的防护等级。

◆ 符合防护等级为 IP65 的安装开孔处的材料厚度：2 ~ 6mm。

◆ 安装开孔处允许的与平面的偏差：≤ 0.5mm。已安装的 HMI 设备必须符合此条件。

（4）触摸屏的安装

控制柜开孔完成后，将触摸屏平行插入到所开安装孔中，使用安装夹固定好触摸屏。安装方法如图 4-9 所示。

4.2.2　西门子 Smart 700 IE V3 触摸屏的连接

西门子 Smart 700 IE V3 触摸屏的连接包括等电位电路的联结、电源线连接、与组态计算机（PC）连接、与 PLC 设备连接等。

（1）等电位电路的联结

等电位电路联结用于消除电路中的电位差，用以确保触摸屏及相关电气设备在运行时不会出现故障。

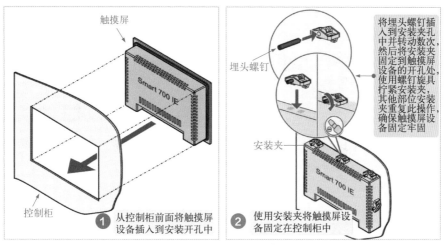

图 4-9　触摸屏的安装与固定

触摸屏安装中的等电位电路的联结方法及步骤如图 4-10 所示。

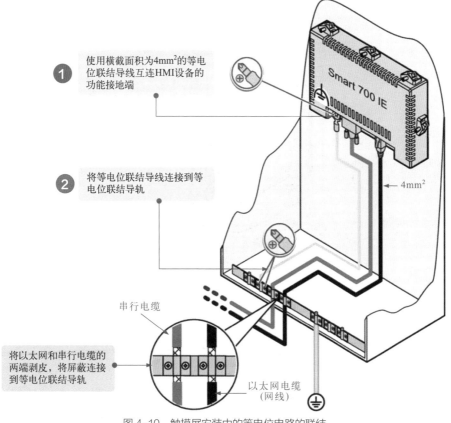

图 4-10　触摸屏安装中的等电位电路的联结

在空间上分开的系统组件之间可产生电位差。这些电位差可导致数据电缆上出现高均衡电流，从而毁坏它们的接口。如果两端都采用了电缆屏蔽，并在不同的系统部件处接地，便会产生均衡电流。当系统连接到不同的电源时，产生的电位差可能更明显。

（2）连接电源线

触摸屏设备正常工作需要满足 DC 24V 供电。设备安装中，正确连接电源线是确保触摸屏设备正常工作的前提。

图 4-11 为触摸屏电源线的连接方法。

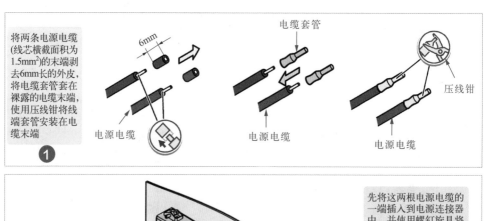

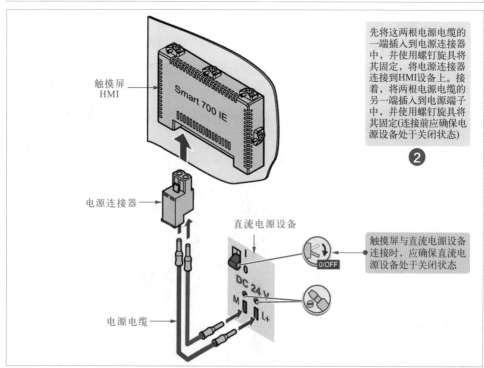

图 4-11　触摸屏电源线的连接方法

西门子 Smart 700 IE V3 触摸屏的直流电源供电设备输出电压规格应为 24V（200mA）直流电源，若电源规格不符合设备要求，则会损坏触摸屏设备。

直流电源供电设备应选用具有安全电气隔离的 24V DC 电源装置；若使用非隔离系统组态，则应将 24V 电源输出端的 GND 24V 接口进行等电位联结，以统一基准电位。

（3）连接组态计算机（PC）

在计算机中安装触摸屏编程软件，通过编程软件可组态触摸屏，实现对触摸屏显示画面内容和控制功能的设计。当在计算机中完成触摸屏组态后，需要将组态计算机与触摸屏连接，以便将软件中完成的项目进行传输。

图 4-12 为组态计算机与触摸屏的连接。

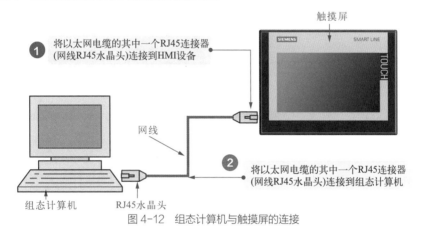

图 4-12 组态计算机与触摸屏的连接

组态计算机与触摸屏连接，除了可用于传输项目外，还可传输 HMI 设备映像、将 HMI 设备复位为出厂设置、备份并还原 HMI 数据。

（4）连接 PLC

触摸屏连接 PLC 的输入端，可代替按钮、开关等物理部件向 PLC 输入指令信息。图 4-13 为触摸屏与 PLC 之间的连接。

图 4-13

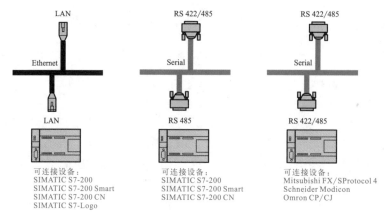

可连接设备：
SIMATIC S7-200
SIMATIC S7-200 Smart
SIMATIC S7-200 CN
SIMATIC S7-Logo

可连接设备：
SIMATIC S7-200
SIMATIC S7-200 Smart
SIMATIC S7-200 CN

可连接设备：
Mitsubishi FX/SProtocol 4
Schneider Modicon
Omron CP/CJ

图 4-13　触摸屏与 PLC 之间的连接

 提示说明　　将触摸屏与 PLC 连接时，应平行敷设数据线和等电位联结导线，应将数据线的屏蔽接地。

（5）连接 USB 设备

西门子 Smart 700 IE V3 触摸屏设有 USB 接口，可用于连接可用的 USB 设备，如外接鼠标、外接键盘、USB 记忆棒、USB 集线器等。

其中，连接外接鼠标和外接键盘仅可供调试和维护时使用。连接 USB 设备应注意 USB 线缆的长度不可超过 1.5m，否则不能确保安全地进行数据传输。

4.2.3　西门子 Smart 700 IE V3 触摸屏的测试

西门子 Smart 700 IE V3 触摸屏连接好电源后，可启动设备，测试设备连接是否正常。

首先接通 HMI 设备的电源，然后按下触摸屏上的按钮或外接鼠标启动设备，通过点击不同功能的按钮完成设备的测试，如图 4-14 所示。

图 4-14　西门子 Smart 700 IE V3 触摸屏启动与测试。

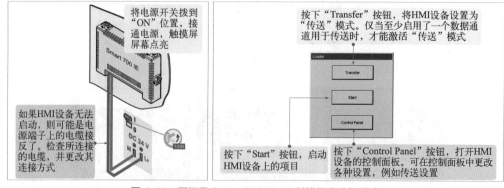

图 4-14　西门子 Smart 700 IE V3 触摸屏启动与测试

4.3　西门子 Smart 700 IE V3 触摸屏的操作方法

4.3.1　西门子 Smart 700 IE V3 触摸屏的数据输入

（1）触摸屏键盘的功能特点

触摸屏键盘一般在需要输入信息时弹出，如图 4-15 所示。根据触摸屏键盘可输入相应的数字、字母等信息。

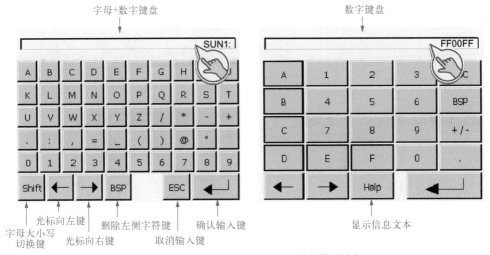

图 4-15　西门子 Smart 700 IE V3 的触摸屏键盘

（2）触摸屏输入数据

触摸屏输入数据比较简单，当触摸屏上出现输入框，用手指或触摸笔点击输入框即可弹出键盘，根据需要顺次点击键盘上的数字或字母，最后按回车键确认输入或按"ESC"取消输入即可，如图 4-16 所示。

4.3.2　西门子 Smart 700 IE V3 触摸屏的组态

组态西门子 Smart 700 IE V3 触摸屏，首先接通电源，打开 Loader 程序，通过程序窗口中的"Control Panel"按钮打开控制面板，如图 4-17 所示，在控制面板中可对触摸屏进行参数配置。

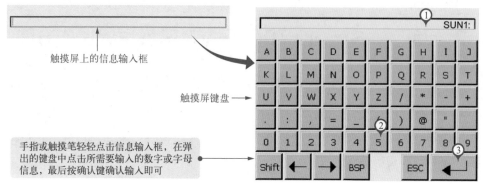

图 4-16　触摸屏数据的输入

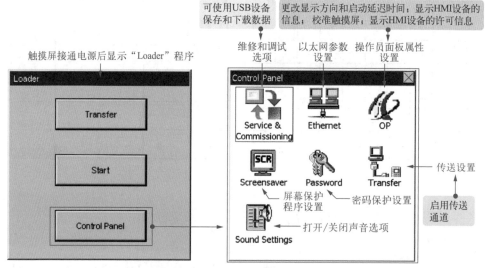

图 4-17　控制面板中的参数配置选项

（1）维修和调试选项设置

在触摸屏控制面板中，维修和调试选项的主要功能是使用 USB 设备保存和下载数据。用手指或触摸笔点击该选项即可弹出"Service & Commissioning"对话框，从对话框中的"Backup"选项中可进行触摸屏数据的备份，如图 4-18 所示。

数据的恢复即使用"Service & Commissioning"功能下的"Restore"选项将 USB 存储设备中的备份文件加载到 HMI 设备中，如图 4-19 所示。

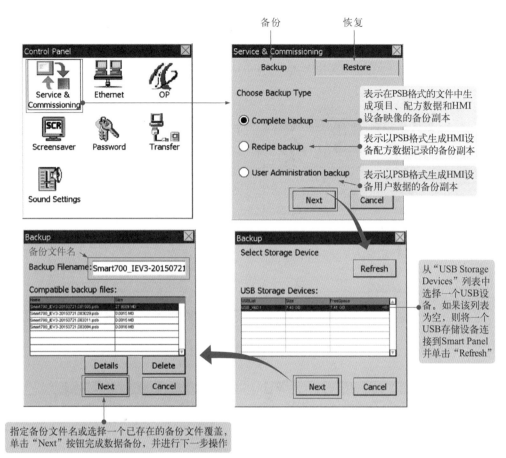

图 4-18 触摸屏数据的备份操作

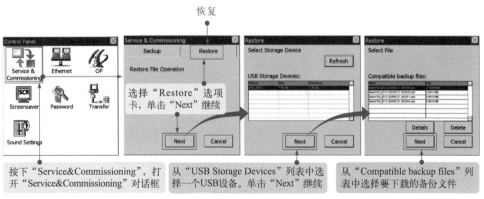

图 4-19 触摸屏数据的恢复操作

（2）以太网参数的修改

在多个 HMI 设备联网应用中，如果网络中的多个设备共享一个 IP 地址，可能会因 IP 地址冲突引起通信错误。可在 HMI 设备控制面板的第二个选项"以太网参数设置"中，为网络中每一个 HMI 设备分配一个唯一的 IP 地址。

图 4-20 为 HMI 设备以太网参数的修改方法。

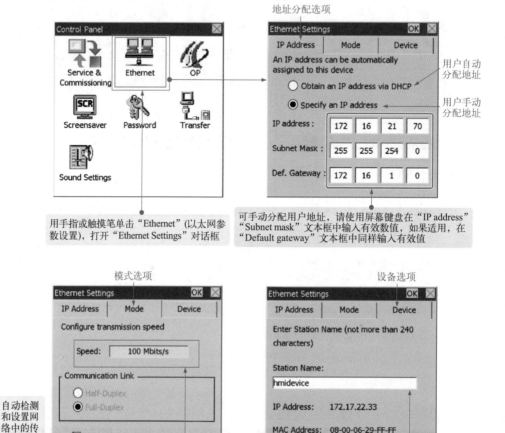

图 4-20　HMI 设备以太网参数的修改方法

(3) HMI 其他参数设置

在 HMI 控制面板中还包括几项其他参数设置，用户可根据实际需要对不同选项中的参数进行设置。

图 4-21 为不同参数选项中的子选项内容。

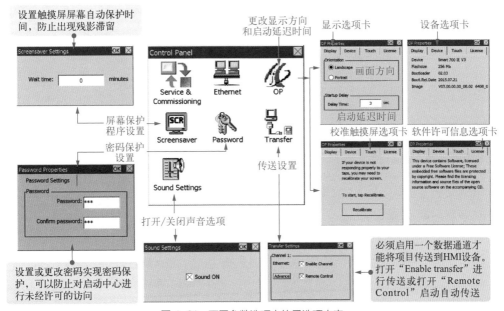

图 4-21 不同参数选项中的子选项内容

4.4 西门子 Smart 700 IE V3 触摸屏的调试与维护

4.4.1 西门子 Smart 700 IE V3 触摸屏的调试

（1）西门子 Smart 700 IE V3 触摸屏的工作模式

西门子 Smart 700 IE V3 触摸屏包括三种工作模式，即离线、在线、传送。

① "离线"工作模式　在此模式下，HMI 设备和 PLC 之间不进行任何通信。尽管可以操作 HMI 设备，但是无法与 PLC 交换数据。

② "在线"工作模式　在此模式下，HMI 设备和 PLC 彼此进行通信。可操作 HMI 设备中的项目。

西门子 Smart 700 IE V3 触摸屏中要显示的内容（项目）通过组态计算机创建，创建好的项目传送到触摸屏中，从而使自动化工作过程实现可视化。传送到触摸屏中的项目实现过程控制，需要将触摸屏设备在线连接到 PLC。

在组态计算机和 HMI 设备上均可设置"离线模式"和"在线模式"。

触摸屏设备初始启动时设备中不存在任何项目。操作系统更新完毕之后，触摸屏设备也处于这种状态。

触摸屏设备重新调试时，设备中已存在的所有项目都将被替换。

③ "传送"工作模式　在此模式下，可以将项目从组态 PC 传送至 HMI 设备、备份和恢复 HMI 设备数据或更新固件。

在 HMI 设备上设置"传送"工作模式的操作方法如下。

· HMI设备启动时：在HMI设备装载程序中手动启动"传送"工作模式。

· 操作运行期间：使用操作元素在项目中手动启动"传送"工作模式。

设置自动模式且在组态计算机上启动传送后，HMI 设备会切换为"传送"工作模式。

（2）西门子 Smart 700 IE V3 触摸屏与组态计算机的数据传送

传送操作是指将已编译的项目文件传送到要运行该项目的 HMI 设备上。

西门子 Smart 700 IE V3 触摸屏与组态计算机之间可进行数据信息的传送。可传送数据信息类型包括备份/恢复包含项目数据、配方数据、用户管理数据的映像文件，操作系统更新，使用"恢复为出厂设置"更新操作系统，传送项目等四种类型。第一种数据类型可借助 USB 设备或以太网传送，后三种类型仅可借助以太网传送。

将可执行项目从组态计算机传送到 HMI 设备中，可启动手动传送和自动传送两种。

① 启动手动传送　在 WinCC flexible Smart（触摸屏编程软件）中完成组态后，选择"项目"→"编译器"→"生成"（Project → Compiler → Generate）菜单命令来验证项目的一致性。在完成一致性检查后，系统将生成一个已编译的项目文件。将已编译的项目文件传送至组态的 HMI 设备。

确保 HMI 设备已通过以太网连接到组态计算机中，且在 HMI 设备中已分配以太网参数，调整 HMI 设备处于"传送"工作模式。

图 4-22 为西门子 Smart 700 IE V3 触摸屏与组态计算机之间通过手动传送数据项目的操作步骤和方法。

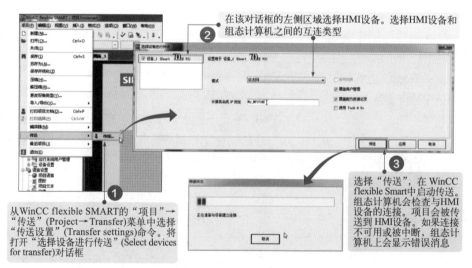

图 4-22　西门子 Smart 700 IE V3 触摸屏与组态计算机之间通过手动传送数据项目的操作步骤和方法

当成功完成传送后，项目即可在 HMI 设备上使用，且已传送的项目会自动启动。

向设备传送项目时，系统会检查组态的操作系统版本与 HMI 设备上的版本是否一致。如果系统发现版本不一致，则将中止传送，同时显示一条消息。

如果 WinCC flexible SMART 项目中和 HMI 设备上的操作系统版本不同，应更新 HMI 设备上的操作系统。

② 启动自动传送 首先在 HMI 设备上启动自动传送（参照图 4-21），此时，只要在连接的组态计算机上启动传送，HMI 设备就会在运行时自动切换为"传送/Transfer"模式。

在 HMI 设备上激活自动传送且在组态计算机上启动传送后，当前正在运行的项目将自动停止。HMI 设备随后将自动切换到"传送/Transfer"模式。

 自动传送不适合在调试阶段后，避免 HMI 设备会在无意中被切换到传送模式。传送模式可能触发系统的意外操作。

可以在控制面板中（图 4-17）设置密码，限制对传送设置的访问，从而避免未经授权的修改。

（3）HMI 项目的测试

测试 HMI 项目是指对 HMI 将要执行目的前进行各项检查，如检查画面布局是否正确、检查画面导航、检查输入对象、输入变量值等，通过测试确保项目可以按期望的方式在 HMI 设备上运行。

测试 HMI 项目有三种方法。在组态计算机中借助仿真器测试；在 HMI 设备上对项目进行离线测试；在 HMI 设备上对项目进行在线测试。

① 借助仿真器测试 在 WinCC flexible Smart 中完成组态和编译后，选择"项目"→"编译器"→"使用仿真器启动运行系统"，如图 4-23 所示。

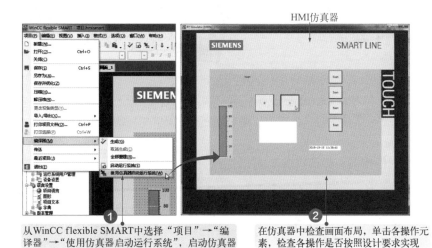

从WinCC flexible SMART中选择"项目"→"编译器"→"使用仿真器启动运行系统"，启动仿真器

在仿真器中检查画面布局，单击各操作元素，检查各操作是否按照设计要求实现

图 4-23　在组态计算机中借助仿真器测试触摸屏项目

② 离线测试　离线测试是指在 HMI 设备不与 PLC 连接的状态下，测试项目的操作元素和可视化。测试的各个项目功能不受 PLC 影响，PLC 变量不更新。

③ 在线测试　在线测试是指在 HMI 设备与 PLC 连接并进行通信的状态下，使 HMI 设备处于"在线"工作模式中，在 HMI 设备中对各个项目功能进行测试，如报警通信功能、操作元素及视图等，测试不受 PLC 影响，但 PLC 变量将进行更新。

（4）HMI 数据的备份与恢复

为了确保 HMI 设备中数据的安全与可靠应用，可借助计算机（安装 ProSave 软件）或 USB 存储设备备份和恢复 HMI 设备内部闪存中的项目与 HMI 设备映像数据、密码列表、配方数据等数据。

4.4.2　西门子 Smart 700 IE V3 触摸屏的保养与维护

触摸屏承载着重要的人机交互和信息输送功能，屏幕脏污、操作不当或受到硬物撞击等均可能引起工作异常的情况。因此，在使用中应注意对触摸屏进行正确的保养和维护操作。

在日常使用中，对西门子 Smart 700 IE V3 触摸屏的保养与维护重点在于对屏幕的清洁，清洁时应按照设备清洁要求进行，如图 4-24 所示。

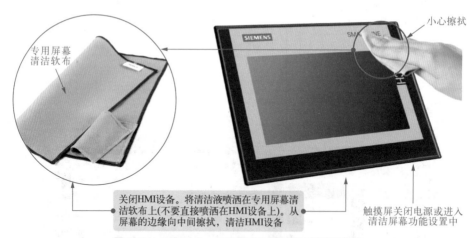

图 4-24　西门子 Smart 700 IE V3 触摸屏的清洁操作

提示
说明

清洁触摸屏时应先关闭触摸屏电源或进入清洁屏幕功能设置中，避免清洁中误触发触摸屏中的内容，造成 PLC 意外响应导致损坏。

另外，清洁触摸屏时，只能使用少量液体皂水或屏幕清洁泡沫清洁，严禁使用压缩空气或蒸汽喷射器、腐蚀性溶剂或擦洗粉进行清洁，否则可能会造成触摸屏损坏。

第 **5** 章

三菱 GOT-GT11 触摸屏

5.1 三菱 GOT-GT11 触摸屏的结构与连接

5.1.1 三菱 GOT-GT11 触摸屏的结构

三菱 GOT-GT11 系列触摸屏的种类多样，以三菱 GOT-GT1175 为例进行介绍。图 5-1 为 GOT-GT1175 触摸屏的结构。GOT-GT1175 触摸屏的正面是显示屏，其下方及背面是各种连接端口，用以与其他设备连接。

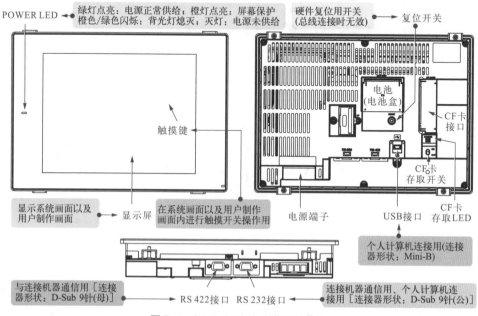

图 5-1 GOT-GT1175 触摸屏的结构

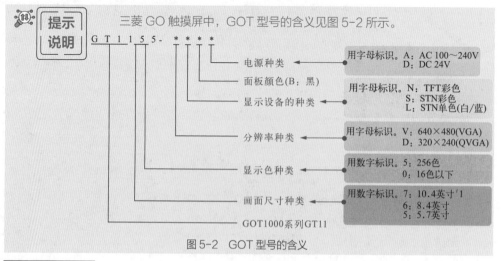

图 5-2 GOT 型号的含义

❶ 1 英寸 =2.54 厘米。

图 5-3 为 三 菱 GOT-GT115X（常 见 有 GOT-GT1150、GOT-GT1155）触摸屏的结构。其键钮分布及端口的类型、数量和位置与GT1175 有所不同。

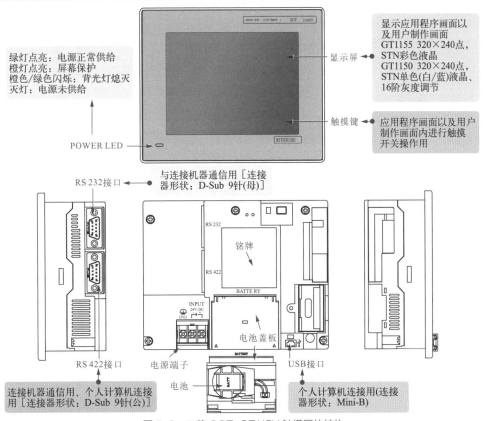

图 5-3　三菱 GOT-GT115X 触摸屏的结构

5.1.2　三菱 GOT-GT11 触摸屏的安装连接

（1）GT1171 的安装位置要求

如图5-4所示，三菱 GOT-GT11 系列触摸屏通常安装于控制盘或操作盘的面板上，与控制盘内的 PLC 等连接，进行开关操作、指示灯显示、数据显示、信息显示等功能。

图 5-5 为三菱 GOT-GT11 触摸屏与其他设备间的安装位置要求。一般来说，在安装三菱 GOT-GT11 触摸屏时，需按照图 5-5 的要求与其他设备保持距离。

图 5-6 为三菱 GOT-GT11 触摸屏与建筑物间的安装位置要求。一般来说，在安装三菱 GOT-GT11 触摸屏时，触摸屏的左、右、下部分，应与建筑物和其他的机器设置 50mm 以上的距离。触摸屏上部为了通气，应与建筑物和其他的机器设置 80mm 以上的距离。另外，若触摸屏周围放置了发生放射噪声的机器（接触器等）或者发热的

机器时，为了避免噪声和热量的影响，应设置 100mm 以上的距离。

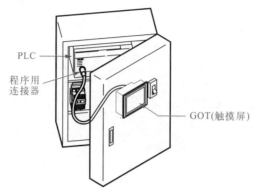

图 5-4　三菱 GOT-GT11 触摸屏的安装位置

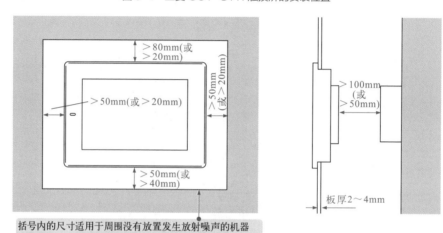

括号内的尺寸适用于周围没有放置发生放射噪声的机器
(接触器等)或者发热的机器时，GOT的环境温度低于55℃

图 5-5　三菱 GOT-GT11 触摸屏与其他设备间的安装位置要求

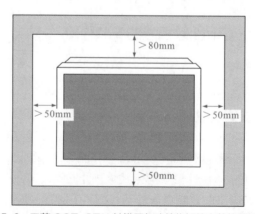

图 5-6　三菱 GOT-GT11 触摸屏与建筑物间的安装位置要求

如果在控制盘内安装时，三菱 GOT-GT11 触摸屏的安装角度如图 5-7 所示。控制盘内的温度应控制在 4 ~ 55℃，安装角度为 60° ~ 105°。

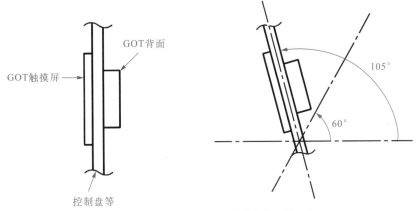

图 5-7　三菱 GOT-GT11 触摸屏的安装角度

(2) GT1175 主机的安装

首先，按图 5-8 所示，将密封垫安装到三菱 GOT-GT11 背面的密封垫安装槽中。安装时将细的一方压入安装槽。

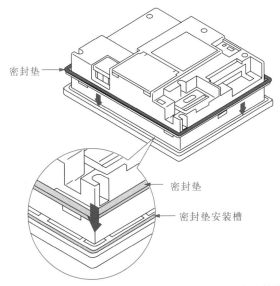

图 5-8　将密封垫安装到三菱 GOT-GT11 背面的密封垫安装槽中

然后，将三菱 GOT-GT11 插入面板的正面，如图 5-9 所示，将安装配件的挂钩挂入三菱 GOT-GT11 的固定孔内，用安装螺栓拧紧固定。

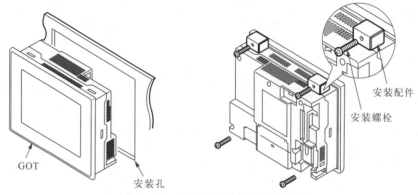

GOT

安装孔

安装配件

安装螺栓

图 5-9　三菱 GOT-GT11 插入面板的正面

提示说明

　　安装 GT1175 主机应注意，将 GOT 从控制盘中取出时，必须先切断系统中正在使用的所有外部电源，否则可能导致设备故障或者运行错误。

　　将选项功能板在 GOT 上安装或者卸下时，也必须先切断系统中正在使用的所有外部电源，否则可能导致设备故障或者运行错误。

　　安装 GOT 时，应在规定的转矩范围内拧紧安装螺栓。若安装螺栓太松，可能导致脱落、短路、运行错误；若安装螺栓太紧，可能导致螺栓及设备的损坏而引起的脱落、短路、运行错误。

　　另外，安装和使用 GOT 必须在其基本操作环境要求下进行，避免操作不当引起触电、火灾、误动作以及损坏产品或使产品性能变差。

(3) CF 卡的装卸方法

　　CF 卡是三菱 GOT-GT11 触摸屏非常重要的外部存储设备。它主要用来存储程序及数据信息。在安装拆卸 CF 卡时应先确认三菱 GOT-GT11 触摸屏的电源处于 OFF 状态。如图 5-10 所示，确认 CF 卡存取开关置于"OFF"状态（该状态下，即使触摸屏电源未关闭，也可以装卸 CF 卡），打开 CF 卡接口的盖板，将 CF 卡的表面朝向外侧插入 CF 卡接口中。插入好后关闭 CF 卡接口的盖板，再将 CF 卡存取开关置于"ON"状态。

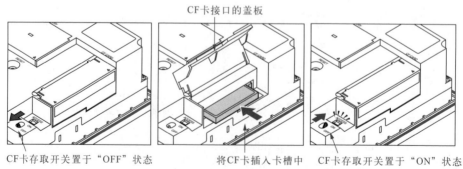

CF卡接口的盖板

CF卡存取开关置于"OFF"状态　　将CF卡插入卡槽中　　CF卡存取开关置于"ON"状态

图 5-10　安装 CF 卡

当取出 CF 卡时，先将 GOT 的 CF 卡存取开关置于"OFF"状态，确认 CF 卡存取 LED 灯熄灭，再打开 CF 卡接口的盖板，将 GOT 的 CF 卡弹出按钮竖起，向内按下 GOT 的 CF 卡弹出按钮，CF 卡便会自动从存取卡仓中弹出。具体操作如图 5-11 所示。

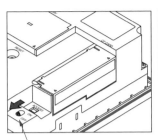 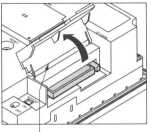 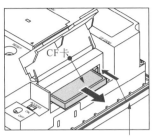

CF卡存取开关置于"OFF"状态　　　打开CF卡接口的盖板　　　向内按下GOT的CF卡弹出按钮

图 5-11　取出 CF 卡

 提示说明

在 GOT 中安装或卸下 CF 卡，应将存储卡存取开关置为 OFF 状态之后（CF 卡存取 LED 灯熄灭）进行，否则可能导致 CF 卡内的数据损坏或运行错误。

在 GOT 中安装 CF 卡时，插入 GOT 安装口，并压下 CF 卡直到弹出按钮被推出。如果接触不良，可能导致运行错误。

在取出 CF 卡时，由于 CF 卡有可能弹出，因此需用手将其扶住。否则有可能掉落而导致 CF 卡破损或故障。

另外，在使用 RS 232 通信下载监视数据等的过程中，不要装卸 CF 卡。否则可能发生 GT Designer2 通信错误，无法正常下载。

（4）GT1175 电池的安装

电池是三菱 GOT-GT11 触摸屏的电能供给设备。用于保持或备份触摸屏中的时钟数据、报警历史及配方数据。在安装电池卡时应先确认三菱 GOT-GT11 触摸屏的电源处于 OFF 状态。如图 5-12 所示，打开 GOT 的背面盖板，将电池插入电池盒中，关闭背面盖板，打开 GOT 电源。

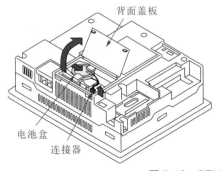 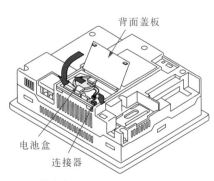

图 5-12　GT1175 电池的安装方法

在环境温度（25℃）下电池的寿命为 5 年，在使用过程中应注意检查电池电量是否充足。一般情况下，电池的更换期限为 4 ~ 5 年。由于电池存在自然放电现象，具体更换周期可以根据实际使用情况确定。一般可以在 GOT 的应用程序画面中确认电池的状态。

（5）GT1175 电源接线

图 5-13 为 GT1175 电源接线的配线示意图。为避免干扰，在电路中可连接绝缘变压器。

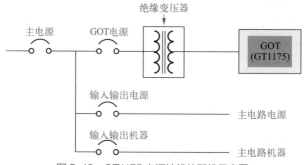

图 5-13　GT1175 电源接线的配线示意图

图 5-14 为 GT1175 背部电源端子电源线、接地线的配线连接图。配线连接时，

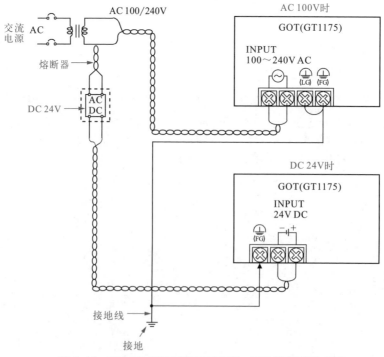

图 5-14　GT1175 背部电源端子电源线、接地线的配线连接图

AC 100V/240V 线、DC 24V 线应使用横截面积为 0.75 ~ 2mm^2 的粗线。将线缆拧成麻花状，以最短距离连接设备。并且不要将 AC 100V/240V 线、DC 24V 线与主电路（高电压、大电流）线、输入输出信号线捆扎在一起，且保持间隔在 100mm 以上。

GT1175 背部电源端子电源线、接地线配线时，若连接了 LG 端子和 FG 端子，必须接地。若不接地，抗噪声性能将变弱。由于 LG 端子的电压为输入电压的 1/2，触摸端子部分可能会造成触电。

连接电源前，必须明确所连接电源为与 GOT 设备额定电压匹配的电源，并确保配线正确。否则可能导致火灾、故障。

在配线作业时，必须在外部切断系统所使用的所有外部供给电源后实施。否则可能会引起触电、损坏产品、导致运行错误。

在配线作业时，固定配线及接线端子必须在规定的转矩范围内拧紧固定螺钉。若安装螺栓和端子螺栓太松，可能导致短路、运行错误；若安装螺栓和端子螺栓太紧，可能导致螺栓及设备的损坏而引起的脱落、短路及运行错误。

图 5-15 为防雷涌对策的连接方案。可将雷涌吸收器接入系统。注意雷涌吸收器的接地（E1）和 GOT 的接地（E2）应分开。另外，选用的雷涌吸收器的最大允许电路电压应大于最大电源电压。

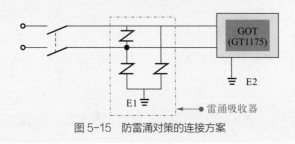

图 5-15 防雷涌对策的连接方案

（6）GT1175 接地

图 5-16 为 GT1175 的接地示意图。接地操作尽可能使用专用接地方式。无法进行专用接地时，可采用共用接地方案。但切不可采用公共接地方案。

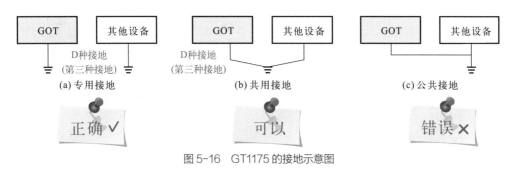

图 5-16 GT1175 的接地示意图

图 5-17 和图 5-18 分别为专用接地和共用接地的连接方式。接地所用电线的横截面积应在 2mm² 以上，并尽可能使接地点靠近 GOT，从而最大限度地缩短接地线的长度。

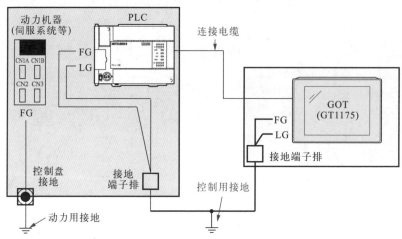

图 5-17　专用接地的连接方式

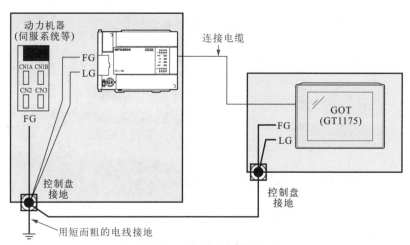

图 5-18　共用接地的连接方式

图 5-19 为连接端子的规格及连接要求。

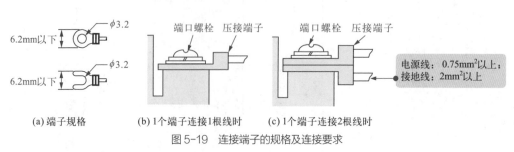

(a) 端子规格　　(b) 1个端子连接1根线时　　(c) 1个端子连接2根线时

图 5-19　连接端子的规格及连接要求

5.2　三菱 GOT-GT11 触摸屏的使用操作

5.2.1　三菱 GOT-GT11 触摸屏应用程序的执行

应用程序是用来执行 GOT-GT1175 与连接设备间的连接、画面显示的设置、操作方法的设置、程序 / 数据管理、自我诊断等的功能。

（1）应用程序的执行

如图 5-20 所示，安装 GOT-GT1175 应用程序可以通过三种方式。第 1 种方法是通过 USB 接口或 RS232 接口连接计算机设备，将应用程序直接安装到 GOT-GT1175 中。第 2 种方法是先通过计算机将应用程序装入 CF 卡，然后再将装有应用程序的 CF 卡装入到 GOT-GT1175 中。第 3 种方法是通过 CF 卡将一台 GOT-GT1175 中的应用程序安装到另一台 GOT-GT1175 中。

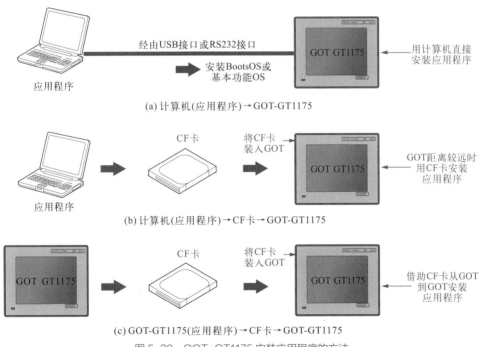

(a) 计算机 (应用程序)→GOT-GT1175

(b) 计算机 (应用程序)→CF 卡→GOT-GT1175

(c) GOT-GT1175 (应用程序)→CF 卡→GOT-GT1175

图 5-20　GOT-GT1175 安装应用程序的方法

（2）应用程序主菜单的显示

为了显示各种应用程序功能的界面，需要事先显示应用程序主菜单。通常，应用程序主菜单有三种显示方式。

图 5-21 为在未下载工程数据时应用程序主菜单的显示方法。在该状态下，GOT 的电源一旦开启，通知工程数据不存在的对话框就会显示。显示后触摸按钮就会显示

主菜单。

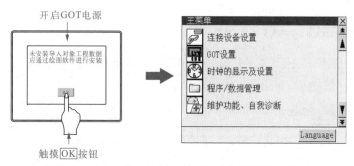

图 5-21　在未下载工程数据时应用程序主菜单的显示方法

图 5-22 为通过应用程序调用键显示应用程序主菜单的方法。按下应用程序调用键显示用户创建画面时，触摸应用程序调用键后显示主菜单。通过 GOT 应用程序画面或 GT Designer2 可以设置应用程序调用键（出厂时，设置为同时按下 GOT 画面的左右上方两点）。

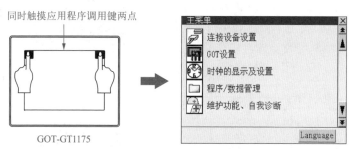

图 5-22　通过应用程序调用键显示应用程序主菜单的方法

图 5-23 为通过触摸扩展功能开关显示应用程序主菜单的方法。触摸扩展功能开关（应用程序）时，显示用户创建画面，触摸扩展功能开关（应用程序）后显示主菜单。可以通过 GT Designer2 将扩展功能开关（应用程序）设置为用户创建画面中显示的触摸开关。

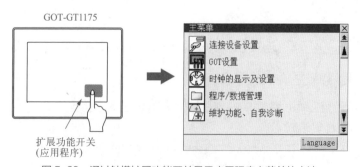

图 5-23　通过触摸扩展功能开关显示应用程序主菜单的方法

（3）应用程序的基本构成

图 5-24 为 GOT-GT1175 的应用程序主菜单界面。通过右侧的上、下箭头（滚动条）可以显示主菜单界面未显示全的其他菜单项。

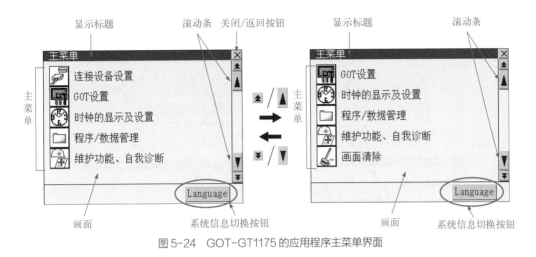

图 5-24　GOT-GT1175 的应用程序主菜单界面

主菜单显示应用程序中可以设置的菜单项。触摸各菜单项目后，就会显示出该设置画面或者下一个选择项目画面。

主菜单界面右下角的"Language"按钮用以切换选择不同的语言模式。

5.2.2　三菱 GOT-GT11 触摸屏通信接口的设置（连接设备设置）

通信接口的设置用于通信接口的名称及其关联的通信通道、通信驱动程序的显示、通道号的设置。另外，在连接设备详细设置中进行各通信接口的详细设置（通信参数的设置）。

（1）通信接口设置的显示

按图 5-25 所示，在应用程序主菜单界面中触摸选择"连接设备设置"选项，即会弹出"连接设备设置"子菜单界面。

可以看到，在标准接口显示对话框中显示了三种接口类型，分别是 RS232、RS422 和 USB。如需对连接设备通道号进行分配或变更设置，可点击"通道驱动程序分配"按钮，进入"通道驱动程序分配"界面进行设置。

（2）通道驱动程序分配操作

按图 5-26 所示，在"连接设备设置"子菜单界面中触摸"通道驱动程序分配"按钮，即可进入"通道驱动程序分配"子界面。

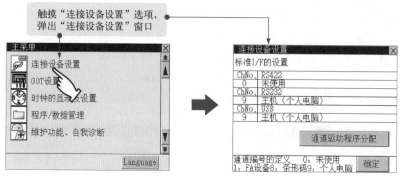

图 5-25　进入"连接设备设置"子菜单界面

图 5-26　进入"通道驱动程序分配"子界面

　　如图 5-27 所示，在"通道驱动程序分配"子界面中按下位于右上方的"分配变更"按钮，即可进入到"分配变更"子界面中。

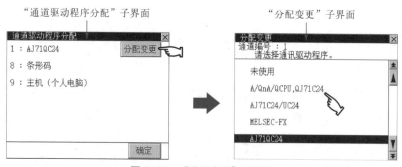

图 5-27　"分配变更"子界面

　　这时，可根据设置需要选择触摸安装在 GOT-GT1175 中的通信驱动程序（这里我们选择 A/QnA/QCPU，QJ71C24），程序即会返回到上一级"通道驱动程序分配"子界面。触摸位于右下方的"确定"按钮即完成设置。

　　如图 5-28 所示，可以看到，在返回的"连接设备设置"子界面中，所选择的通信驱动程序已被分配。

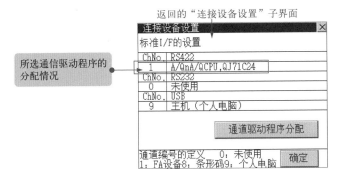

图 5-28　"连接设备设置"子界面中所选通信驱动程序的分配情况

按下"确定"按钮便完成"通道驱动程序"的分配设置。

（3）通道号设置操作

按图 5-29 所示，在"连接设备设置"界面中，触摸需要设置的通道号指定菜单对话框，通道号指定菜单对话框便会相应显示光标。同时在界面下方会弹出"键盘"。

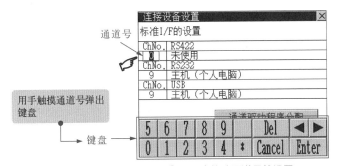

图 5-29　"连接设备设置"界面中修改通道号的设置

在"键盘上"按下相应的数字即可完成通道号的设置。这里我们将通道号设置为 1，所以直接在"键盘"上按下"1"，并按键盘的"Enter"键确认。如图 5-30 所示，通道 1 里所分配的通信驱动程序名称就会显示在驱动程序显示对话框中。

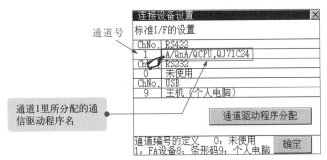

图 5-30　驱动程序显示对话框显示当前通道所分配的驱动程序

（4）连接设备详细设置的切换操作

按图 5-31 所示，在"连接设备设置"界面中，触摸需要设置的驱动程序显示对话框，程序便会切换到连接设备详细设置界面。用户便可根据实际情况完成连接设备驱动程序的详细设置。

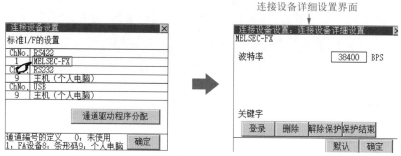

图 5-31　连接设备详细设置的操作

5.2.3　三菱 GOT-GT11 触摸屏的属性设置

如图 5-32 所示，在应用程序主菜单界面中触摸选择"GOT 设置"选项，即会出"GOT 设置"选项面板。可以看到，对 GOT 属性的设置主要包括显示的设置和操作的设置。

图 5-32　进入"GOT 设置"选项面板

（1）显示的设置

显示的设置主要包括标题显示时间的设置、屏幕保护时间的设置、屏幕保护背光灯的设置、信息显示的设置和亮度、对比度的设置。

① 标题显示时间的设置　可以设置 GOT-GT1175 启动时的标题显示时间。其范围是 0 ~ 60s。设置时只需触摸标题显示时间后面的设置项目对话框，如图 5-33 所示，在随即弹出的键盘上输入相应的数字后按"Enter"确认即可。

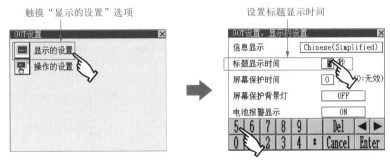

图 5-33 标题显示时间的设置操作

② 屏幕保护时间的设置 可以设置从用户不操作触摸面板开始到屏幕保护功能启动位止的时间。其范围是 0 ~ 60min（注意，若设置为 0，则表明该功能无效）。其设置方法与标题显示时间类似。

③ 屏幕保护背光灯的设置 可以指定屏幕保护功能启动时背光灯为 OFF（关闭）还是 ON（打开）状态。

④ 信息显示的设置 可以选择切换 GOT 中应用程序和对话框中所显示的语言。

⑤ 亮度、对比度的设置 主要用以完成对触摸屏亮度和对比度的调节。当触摸亮度、对比度调节后面的设置项目对话框，便会切换到亮度、对比度调节界面。

其中，亮度调节共有 4 个阶段。如图 5-34 所示，通过触摸亮度调节两端的"+""−"键即可调节亮度。

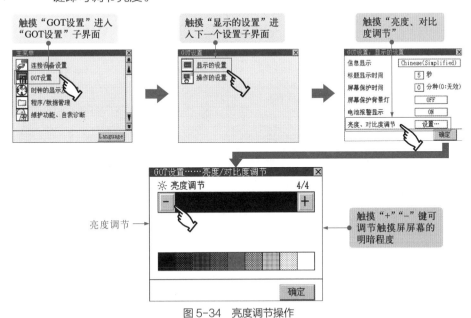

图 5-34 亮度调节操作

对比度调节共有 16 个阶段。如图 5-35 所示，通过触摸对比度调节两端的"+""−"键即可调节对比度。

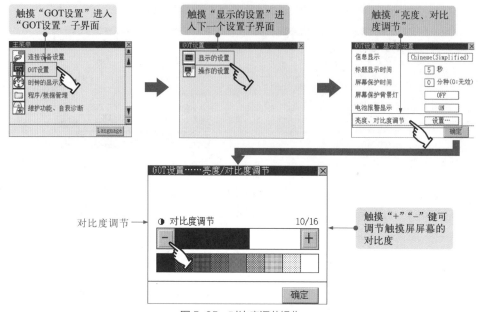

图 5-35　对比度调节操作

（2）操作的设置

如图 5-36 所示，在"GOT 设置"的菜单界面选择"操作的设置"选项，便可进入操作的设置子菜单界面。对于触摸屏操作的设置主要包括蜂鸣音的设置、窗口移动时蜂鸣音的设置、安全等级的设置、应用程序调用键的设置和键灵敏度的设置。

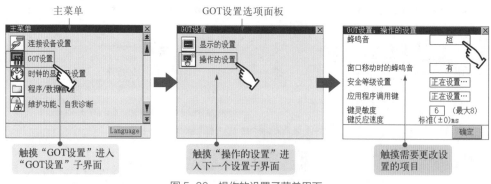

图 5-36　操作的设置子菜单界面

① 蜂鸣音的设置　可以改变蜂鸣器声音的设置。应用程序提供有"短""长""无"三种声音模式。可通过触摸后面的对话框实现功能的切换。

② 窗口移动时蜂鸣音的设置　可以选择窗口移动时是否发出蜂鸣音。应用程序提供"有"和"无"两种方式，点击后面的对话框即可实现功能的切换。

③ 安全等级的设置　可以显示安全等级更改界面。图 5-37 为安全等级的设置操作。触摸"安全等级设置"选项即可显示安全等级更改界面。此时可以通过界面提供

的键盘键入安全等级的口令。

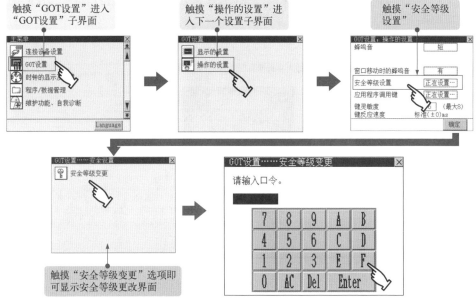

图 5-37　安全等级的设置操作

④ 应用程序调用键的设置　如图 5-38 所示，应用程序调用键的设置可以显示应用程序调用键设置界面。为了调用应用程序的主菜单，可以指定按键位置。按键的位置在画面的 4 个角内，可指定 1 个点或 2 个点。默认设置为左上角和右上角两个点。

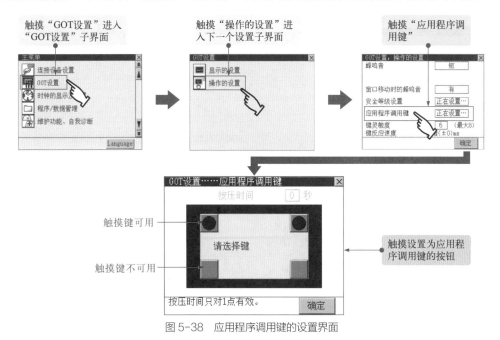

图 5-38　应用程序调用键的设置界面

如果只需要设置按键位置为左上角的 1 个点时，只需触摸画面其他 3 个角，使其显示状态切换至未选中状态即可。然后按图 5-39 所示，设置按键位置持续按压时切换到应用程序的时间。

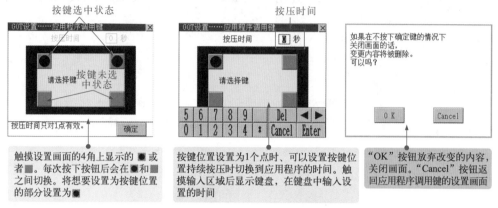

图 5-39　设置应用程序调用键及按压时间

⑤ 键灵敏度的设置　可以设置触摸 GOT（触摸屏）画面时触摸面板的灵敏度。设置范围为 1～8，设置数值越大，则从触摸面板到 GOT 反应之间的时间就越短。也就是说，设置为 8 最灵敏，以此向后，灵敏度逐级递减。图 5-40 为键灵敏度设置的操作演示。

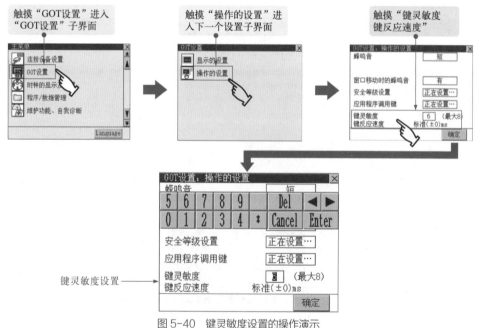

图 5-40　键灵敏度设置的操作演示

（3）时钟的显示及设置

时钟显示及设置功能主要可以显示时钟的相关设置和 GOT（触摸屏）内置电池的状态。

如图 5-41 所示，在应用程序主菜单界面触摸"时钟的显示及设置"选项，便会进入"时间的显示及设置"子菜单界面。

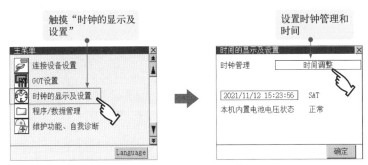

图 5-41　进入"时间的显示及设置"子菜单界面

其中，"时钟管理"用以完成时间调整功能。用于实现 GOT 的时钟数据与所连接机器之间时钟数据的设置与调整。

位于界面中部的"时钟显示"对话框中显示出当前的时间，触摸对话框后，即会弹出键盘，同时时钟停止更新，用户可以通过键盘完成对时钟的重新设置，操作如图 5-42 所示。

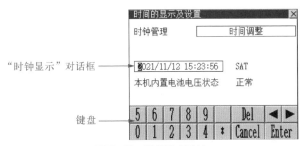

图 5-42　重新设定时钟

另外，在界面下方会显示出当前内置电池的电压状态。如果显示过低 / 无，说明内置电池电压过低，应尽快更换电池。

（4）程序 / 数据管理

程序 / 数据管理功能可以实现应用程序、工程数据、报警数据的显示、传输及保存。另外，也可对 CF 卡进行格式化。

图 5-43 为系统启动时各种数据类型中数据保存目标和传输路径。

图 5-44 为系统维护时各种数据类型中数据保存目标和传输的路径。

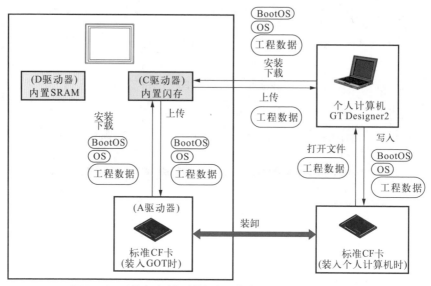

图 5-43　系统启动时各种数据类型中数据保存目标和传输路径

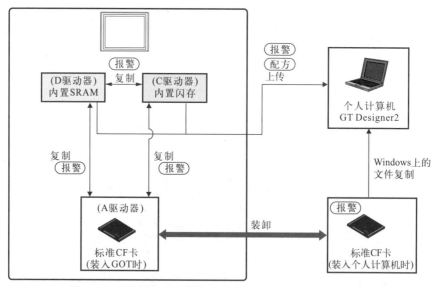

图 5-44　系统维护时各种数据类型中数据保存目标和传输的路径

　　如图 5-45 所示，触摸主菜单界面上的"程序/数据管理"，即可进入"程序/数据管理画面"子菜单界面。

　　在"程序/数据管理"子菜单界面中有五个功能选项：OS 信息、报警信息、工程信息、内存卡格式化和存储器信息。

　　① OS 信息　触摸"OS 信息"选项，即可切换至 OS 信息界面。图 5-46 为 OS 信息界面。

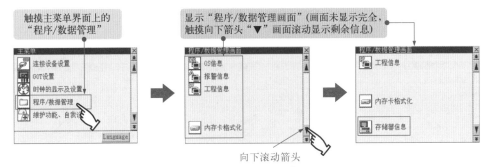

图 5-45 进入"程序 / 数据管理"子菜单界面

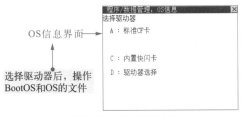

图 5-46 OS 信息界面

如图 5-47 所示，触摸驱动器选择栏的驱动器后，即会显示被触摸驱动器内的起始文件夹的信息。

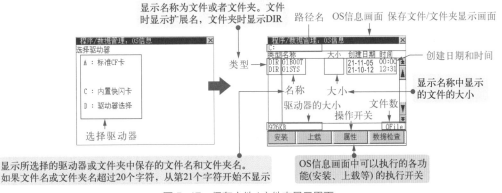

图 5-47 保存文件 / 文件夹显示界面

界面中列表显示各驱动器保存的 BootOS 及 OS（基本功能 OS、通信驱动程序、选项功能 OS）的各文件名 / 文件夹名。

屏幕下方提供安装、上载、属性、数据检查四个选项，选定相应的文件，触摸下方相应的功能按钮，即可实现各文件的安装、上载、属性查看或数据检查功能。

② 工程信息　可以列表显示各驱动器中保存的工程数据文件。然后，根据需要进行各文件的下载、上载、删除或复制等操作。

如图 5-48 所示，在"程序 / 数据管理画面"界面触摸"工程信息"选项，即可进入工程信息界面。

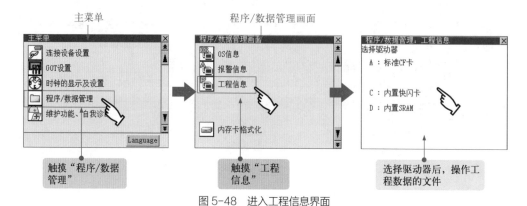

图 5-48　进入工程信息界面

然后，选择相应的驱动器，即可切换到相应驱动器的保存文件／文件夹显示界面。如图 5-49 所示，在界面的下方，提供了"下载""上载""删除""复制""属性"和"数据检查"六个功能按钮。选中相应的文件或文件夹后触摸相应的功能按钮，即可执行相应的功能操作。

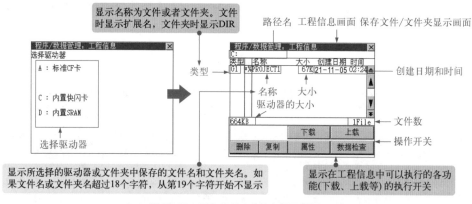

图 5-49　保存文件／文件夹显示界面

③ 报警信息　可以对驱动器内的报警日志文件进行删除或复制操作。如图 5-50 所示，进入报警信息界面后选择相应的驱动器。便会在保存文件／文件夹显示界面中显示报警日志文件。然后用户便可通过下方的删除或复制键完成对报警日志文件的删除或复制操作。

④ 内存卡格式化　可以实现对 CF 卡内置 SRAM 的格式化操作。如图 5-51 所示，触摸"内存卡格式化"选项，即可进入"存储卡格式化"界面。选择相应的驱动器后，触摸"格式化"按钮，就可以实现对相应驱动器的格式化。

⑤ 存储器信息　主要用以方便用户查看各驱动器剩余存储容量和引导目标剩余容量。如图 5-52 所示，触摸存"储器信息"选项，即可进入存储器信息界面查看各存储器的存储容量。

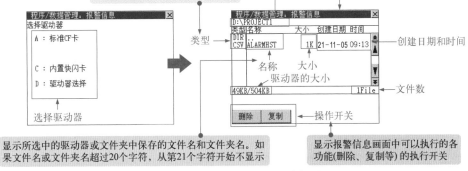

图 5-50　报警日志文件的删除或复制

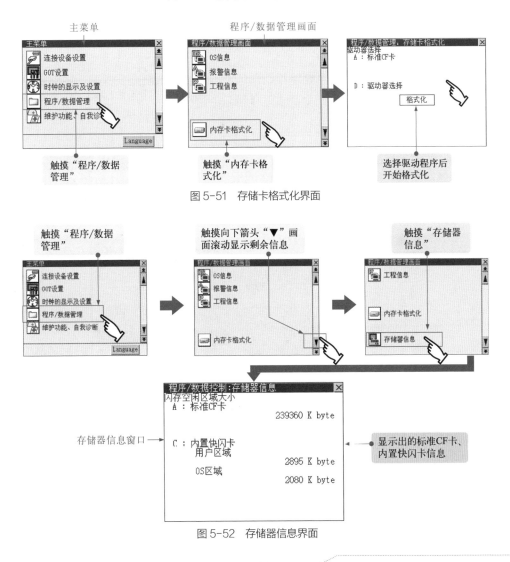

图 5-51　存储卡格式化界面

图 5-52　存储器信息界面

5.2.4 三菱 GOT-GT11 触摸屏的诊断检查

（1）触摸屏的监视功能

在应用程序主菜单界面点击"维护功能、自我诊断"选项，即可进入"维护功能、自我诊断"子菜单界面。如图5-53所示，触摸选择"维护功能"选项后，程序切换到维护功能界面。

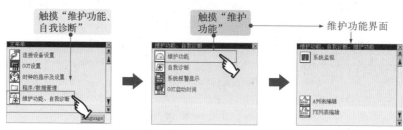

图5-53 进入维护功能界面

如图5-54所示，触摸"系统监视"选项，程序进入系统监视界面。系统监视功能可以监视、测试PLC的软元件、智能功能模块的缓存。

（2）触摸屏的自我诊断功能

如图5-55所示，在"维护功能、自我诊断"子菜单界面中触摸"自我诊断"选项后，程序切换到自我诊断界面。

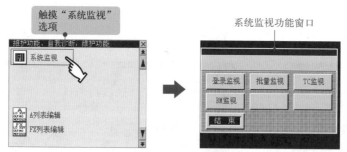

图5-54 系统监视界面

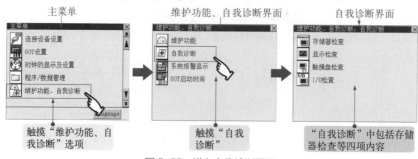

图5-55 进入自我诊断界面

程序提供的自我诊断功能包括存储器检查、显示检查、触摸盘检查和 I/O 检查。触摸选择相应的选项即可完成相应的检查功能。

① 存储器检查　主要是对标准 CF 卡、内置快闪卡、内置 SRAM 进行读 / 写检查。图 5-56 为存储器检查界面。

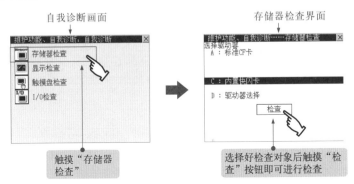

图 5-56　存储器检查界面

"A：标准 CF 卡"用以检查 A 驱动器的存储器（标准 CF 卡）是否可以正常读写。

"C：内置快闪卡"用以检查 C 驱动器的存储器（内置快闪卡）是否可以正常读写。

"D：驱动器选择"用以检查 D 驱动器的存储器（内置 SRAM）是否可以正常读写。

如图 5-57 所示，以内置快闪卡的检查为例。选择"C：内置快闪卡"选项后，触摸"检查"按钮。系统弹出确认界面，触摸"OK"按钮后在显示数字输入窗口中输入口令，触摸"Enter"键，程序执行读 / 写检查。检查完成，触摸 OK 键即可返回上一级界面。

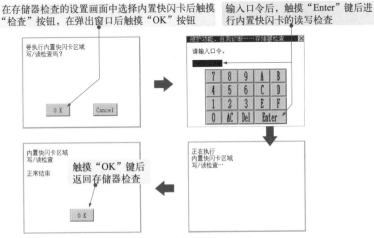

图 5-57　存储器检查的操作

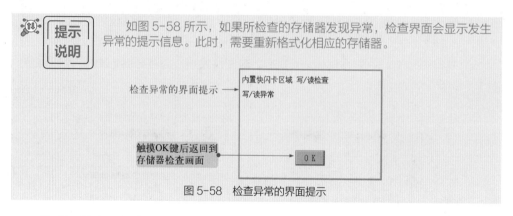

如图 5-58 所示，如果所检查的存储器发现异常，检查界面会显示发生异常的提示信息。此时，需要重新格式化相应的存储器。

检查异常的界面提示 →

内置快闪卡区域 写/读检查

写/读异常

触摸OK键后返回到
存储器检查画面

OK

图 5-58 检查异常的界面提示

② 显示检查 在"维护功能、自我诊断"子菜单界面中触摸"显示检查"选项后，程序切换到显示检查界面。如图 5-59 所示，显示检查界面包含绘图检查功能和字体检查功能。

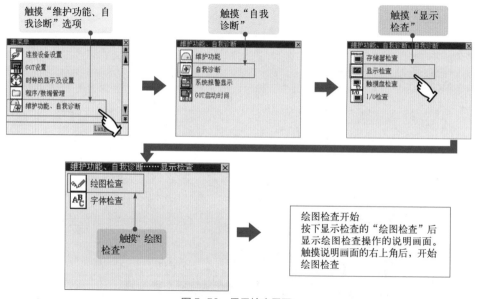

触摸"维护功能、自我诊断"选项

触摸"自我诊断"

触摸"显示检查"

触摸"绘图检查"

绘图检查开始
按下显示检查的"绘图检查"后
显示绘图检查操作的说明画面。
触摸说明画面的右上角后，开始
绘图检查

图 5-59 显示检查界面

绘图检查功能是进行位欠缺、颜色检查、基本图形显示检查、屏幕间移动检查等与显示相关的检查功能。

字体检查功能是对触摸屏中装载的字体信息的确认检查。如果字符可以正常显示，说明正常，若没有正确显示，则说明字体不正常，需要重新安装基本功能 OS。

③ 触摸盘检查 如图 5-60 所示，在"维护功能、自我诊断"子菜单界面中触摸"触摸盘检查"选项后，程序显示触摸盘检查操作的说明界面，触摸"OK"按钮开始触摸盘检查。

按图 5-61 所示，用手触摸画面的任意区域，所触摸的部分便会变成黄色填充显示状态。检查完成，触摸画面左上角区域即可返回"自我诊断"界面。

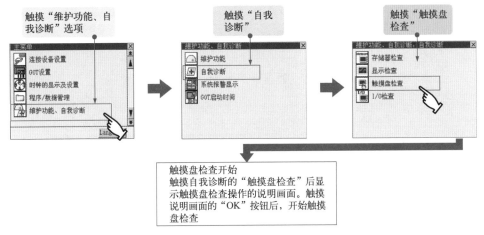

触摸"维护功能、自我诊断"选项

触摸"自我诊断"

触摸"触摸盘检查"

触摸盘检查开始
触摸自我诊断的"触摸盘检查"后显示触摸盘检查操作的说明画面。触摸说明画面的"OK"按钮后，开始触摸盘检查

图 5-60　进入触摸盘检查操作界面

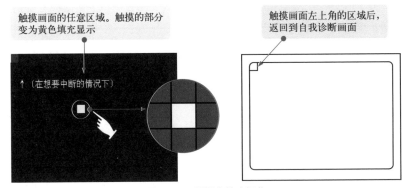

触摸画面的任意区域。触摸的部分变为黄色填充显示

触摸画面左上角的区域后，返回到自我诊断画面

图 5-61　触摸盘检查操作

提示
说明　　若触摸区域未变为黄色填充显示状态，可能是显示部分故障或触摸盘故障。

④ I/O 检查　是检查触摸屏和 PLC 之间通信功能是否正常的功能选项。图 5-62 为 I/O 检查界面。

如果检查正常结束，则表明通信接口、连接线缆正常。如图 5-63 所示，在确认设备连接正常及通信启动程序安装正确的情况下，触摸"对方"按钮，进行对方目标确认通信检查。当对方目标确认通信结束后，程序将检查结果显示在对话框中。

触摸"回送"按钮，程序通过自回送连接端口，进行发送数据和接收数据的校验。如图 5-64 所示，如果不能正常接收到数据，屏幕将显示连接异常的提示信息。检查正常，屏幕则会显示正常的提示信息。若发生错误，屏幕会显示该时刻异常接收及哪个字节发生错误的通知信息。

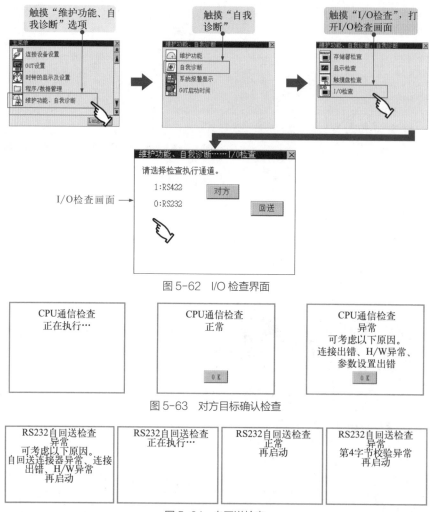

图 5-62 I/O 检查界面

图 5-63 对方目标确认检查

图 5-64 自回送检查

5.2.5 三菱 GOT-GT11 触摸屏的维护

(1) 触摸屏的日常巡检

触摸屏的日常巡检主要包括对触摸屏安装状态的检查、触摸屏连接状态的检查以及触摸屏外观的检查。具体日常巡检项目见表 5-1 所示。

表 5-1 触摸屏的日常巡检项目

检查项目		检查方法	判定标准	处理方法
GOT 的安装状态		确认安装螺栓的松紧	安装牢固	拧紧螺栓
GOT 的连接状态	端子螺栓的松紧	拧紧螺栓	无松动	拧紧端子螺栓

检查项目		检查方法	判定标准	处理方法
GOT 的连接状态	压接端子的间距	观察检测	间距适中	矫正间距
	连接器的松紧	观察检测	无松动	拧紧连接器固定螺栓
GOT 的使用状态	保护膜的脏污	观察检测	无明显脏污	更换
	异物的附着	观察检测	应无附着物	清洁异物

（2）触摸屏的定期点检

除日常巡检外，触摸屏建议每隔一段时间要进行定期点检。点检内容包括周围环境的检查、电源电压的检查、安装及连接状态的检查等。具体检查项目见表 5-2 所列。

表 5-2　触摸屏的定期点检

定期点检项目		点检方法	判定标准	处理方法
周围环境 （包括温度、湿度等）		用温度计、湿度计测定温度和湿度情况； 测定有无腐蚀性气体	环境温度应为 0～55℃； 湿度：10%～90%RH 无腐蚀性气体	在盘内使用时，以盘内温度作为周围温度
电源电压检查		检测 AC 100～240V 端子间的电压	AC 85～242V	变更供给电源
		检测 DC 24V 端子间的电压	DC 20.4～26.4V	变更供给电源
安装状态检查		轻轻摇动设备检查有无松动	安装牢固无松动	拧紧螺栓
		观察 GOT 有无异物附着	没有脏污及附着物	去除、清洁辅助物
连接状态检查	检查端子螺栓的松紧程度	用螺钉旋具拧紧	应无松动	拧紧端子螺栓
	检查压接端口的间距	观察检测	符合规定的间距	校正间距
	检查连接器的松紧程度	观察检测	无松动	拧紧连接器固定螺栓
检查电池		报警信息画面 确认系统报警（错误代码：500）的通知	（预防维护）	即使没有显示电池电压过低，电池超过规定寿命也应更换

提示说明

在触摸屏使用与维护过程中应注意：

•通电时不要触摸连接端子，否则可能引起触电。

•清扫或者拧紧端子螺栓时，必须先从外部切断电源，否则可能导致设备故障或运行错误。

•检查螺栓紧固状态应符合要求。螺栓安装太松，可能导致短路、运行错误。螺栓安装太紧，可能导致螺栓或设备损坏，引起短路、运行错误。

- 不要拆开或改造设备。否则可能导致故障、运行错误、人员伤害、火灾。
- 不要直接触碰设备的导电部分或电子部件。否则可能导致设备错误运行、故障。
- 连接设备的电缆必须放入导管或用夹具进行固定处理。若连接电缆不放入导管并进行固定处理，由于电缆的晃动和移动、拉拽等可能导致设备或电缆损坏、电缆接触不良，从而引起运行错误。
- 卸下连接到设备的电缆时，不要拉扯电缆线部分。拉扯连接到设备的电缆，可能造成设备或电缆损坏、电缆接触不良，从而引起运行错误。
- 拆装连接电缆时应关闭电源后进行操作。否则可能导致故障或误动作。
- 在触碰设备前，必须先与接地的金属物接触，释放人体自带的静电。不释放静电可能导致设备故障或者运行错误。

（3）电池的检测与更换

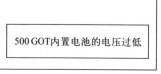

图 5-65　电池不良的系统报警显示

通常，电池的寿命期限为 5 年，但受环境、使用情况以及电池存在自放电等因素影响，使用期限也不尽相同。可通过触摸屏应用程序确认电池状态。

如图 5-65 所示，当电池电压过低时，GOT 的画面上会显示电池电压过低的提示信息。

此时，需按要求及时更换电池。

检查出电池的电压过低后，可继续保存数据大约 1 个月，如果超过此时间数据将无法保存。

如果从检查出电池电压过低到更换电池超过了 1 个月，时钟数据、D 驱动器（内置 SRAM）的数据有可能变为不确定值。此时应重新设置时钟，对 D 驱动器（内置 SRAM）进行格式化。

另外，在电池使用中应注意：

- 应正确连接电池。不要对电池进行充电、分解、加热、投入火中、撞击、焊接等操作。不正当使用电池，可能造成电池发热、破裂、燃烧，引起人员伤亡及火灾等。
- 不要让安装在设备中的电池掉落或受到撞击。掉落、撞击有可能导致电池破损、电池内部发生漏液。对于掉落或受到撞击的电池应将其废弃而不再使用。

（4）背光灯的检测与更换

触摸屏（GOT）内置了液晶显示用背光灯。当触摸屏检测出背光灯熄灭时

POWER LED 将以橙色/绿色交替闪烁。另外，背光灯的亮度会随着使用长度的增加逐渐下降。如果背光灯熄灭或很暗时，应及时更换背光灯。

更换背光灯之前，最好进行数据备份。更换时，首先关闭触摸屏（GOT）电源，然后卸下电源线及通信电缆，若安装有 CF 卡，需将卡取出。

将触摸屏（GOT）从控制盘上卸下，用螺钉旋具拆卸触摸屏（GOT）背面的固定螺钉。按图 5-66 所示，将背光灯的电线连接器从 GOT 连接器上卸下。然后用手指压下背光灯的固定爪，即可将背光灯从右侧拉出。

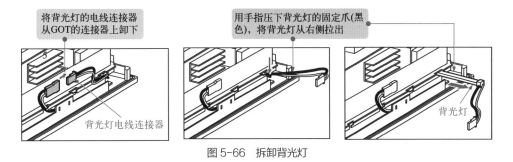

图 5-66 拆卸背光灯

接下来，按与拆卸相反的步骤重新安装新的背光灯就可以了。

• 更换背光灯作业时应带手套。否则可能受伤。

• 背光灯更换应在 GOT 的电源断开 5min 以上后进行。否则可能被背光灯烫伤。

• 在更换背光灯时，必须将 GOT 的电源从外部全相切断（GOT 总线连接时，必须将 PLC CPU 的电源也从外部全相切断），将 GOT 从盘中卸下后进行操作。如果未全相切断，有触电的危险。如果不从盘中卸下而直接更换，有摔落受伤的危险。

第 **6** 章

三菱 GOT-GT16 触摸屏

6.1 三菱 GOT-GT16 触摸屏的结构与连接

6.1.1 三菱 GOT-GT16 触摸屏的结构

三菱 GOT-GT16 系列触摸屏产品规格较多，下面以 GT1695 为例介绍。图 6-1 为 GOT-GT1695 触摸屏的结构及键钮和接口的分布。

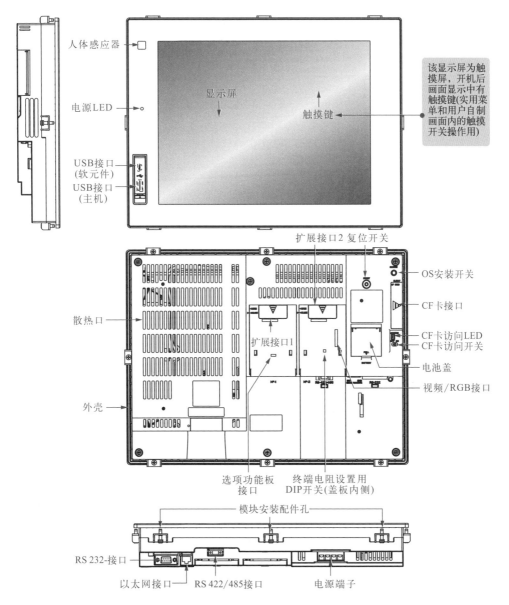

图 6-1　GOT-GT1695 触摸屏的结构及键钮和接口的分布

6.1.2 三菱 GOT-GT16 触摸屏的安装连接

(1) GT1695 的安装位置要求

如图 6-2 所示，在安装 GOT-GT1695 时要遵守安装规范，确保 GOT 与其他设备之间保持一定距离。

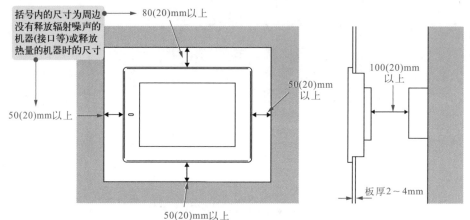

(仅 GOT，安装其他模块时的具体数值参见触摸屏使用说明书中的相关表格)

图 6-2　GOT-GT1695 的安装位置规范

(2) GT1695 主机的安装

在将 GT1695 安装至面板前，先将 GOT 的电池安装到电池托架上，具体操作如图 6-3 所示。打开电池盖，拆卸电池托架，将电池安装到位。

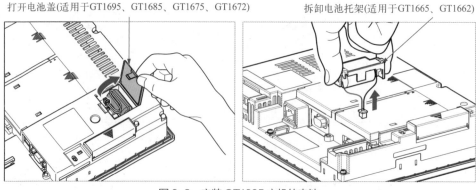

图 6-3　安装 GT1695 主机的电池

在确认电池置于电池托架中之后，按图 6-4 所示，将电池的接口插入到 GOT 的接口中。

安装好之后，将三菱 GOT-GT1695 插入面板的正面，如图 6-5 所示，将安装配件的挂钩挂入三菱 GOT-GT1695 的固定孔内，用安装螺栓拧紧固定。

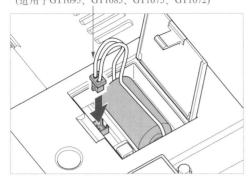

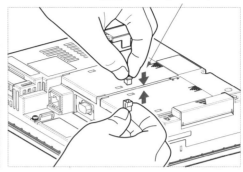

图 6-4　将电池接口插入到 GOT 接口中

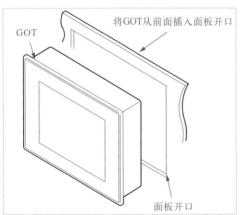

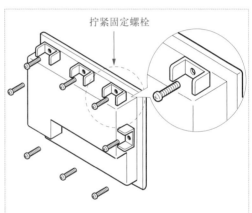

图 6-5　安装 GOT-GT1695

（3）GT1695 电源接线

图 6-6 为 GT1695 背部电源端子电源线、接地线的配线连接图。配线连接时，AC 100V/240V 线、DC 24V 线应使用横截面积为 $0.75 \sim 2mm^2$ 的粗线。将线缆拧成麻花状，以最短距离连接设备。并且不要将 AC 100V/240V 线、DC 24V 线与主电路（高电压、大电流）线、输入输出信号线捆扎在一起，且保持间隔在 100mm 以上。

（4）GT1695 接地

三菱 GOT-GT1695 的接地尽可能采用专用接地方式。图 6-7 为 GT1695 专用接地的连接方式。

若无法对 GOT 实施专用接地方案，也可采用并联单点接地的方案。图 6-8 为

GT1695 并联单点接地方式。

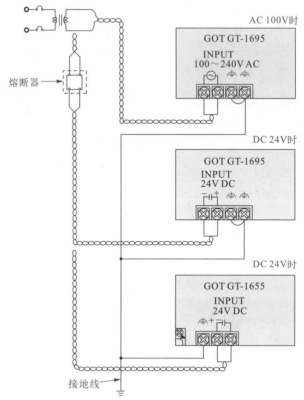

图 6-6　GT1695 背部电源端子电源线、

接地线的配线连接图

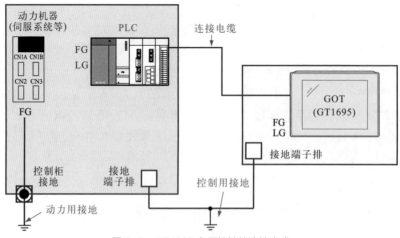

图 6-7　GT1695 专用接地的连接方式

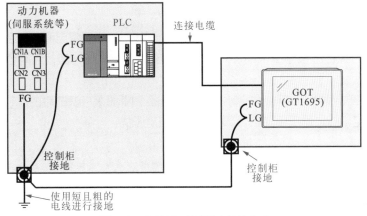

图 6-8　GT1695 并联单点接地方式

提示
说明　　　　如图 6-9 所示，在 GOT-GT1695 接地时，切不可采用串联单点接地方式。

图 6-9　串联单点接地方式

同时，要注意 GOT 的接地线和动力线在配线时要分开配线，如图 6-10 所示，否则容易因干扰而产生误动作。

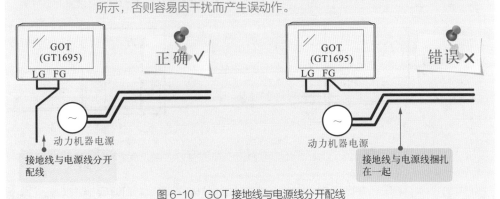

图 6-10　GOT 接地线与电源线分开配线

（5）GT1695触摸屏控制柜内配线

如图6-11所示，GT1695触摸屏控制柜内配线时，不要将电源配线及伺服放大器驱动线等动力线和总线连接电缆、网络电缆等通信电缆混在一起，否则容易因干扰而引发误动作。

同时，最好使用浪涌电压抑制器避免断路器（NFB）、电磁接触器（MC）、继电器（RA）、电磁阀、感应电动机等部件的浪涌噪声干扰。

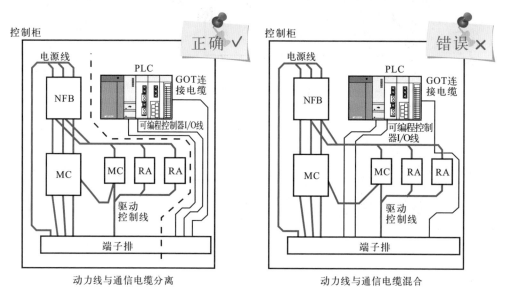

图6-11　GT1695触摸屏控制柜内的配线

（6）GT1695触摸屏控制柜外配线

如图6-12所示，将动力线和通信电缆引出至控制柜外部时，应距离一定的位置分开打孔引线。

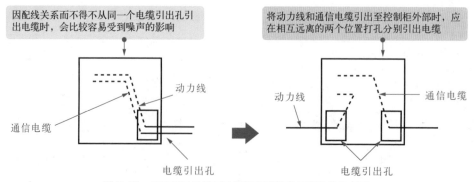

图6-12　GT1695触摸屏控制柜外配线的打孔引线示意图

如图6-13所示，在敷设时，动力线导管与通信电缆导管之间要保持100mm以上的距离，若因配线关系不得不接近敷设时，两种线缆导管之间要加设金属制隔离物以最大限度地降低干扰。

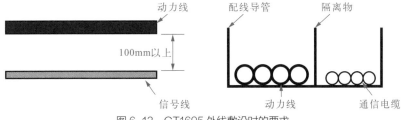

图 6-13　GT1695 外线敷设时的要求

（7）CF 卡的装卸方法

安装 CF 卡时，首先按图 6-14 所示，将 GOT 的 CF 卡访问开关置于 OFF 状态。

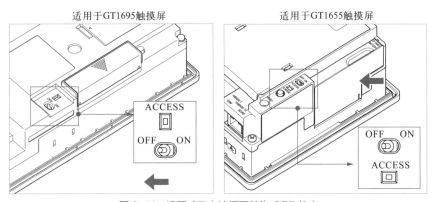

图 6-14　设置 CF 卡访问开关为 OFF 状态

然后，打开 CF 卡接口的护盖，将 CF 卡正面朝外插入到 CF 卡插槽中。具体操作如图 6-15 所示。

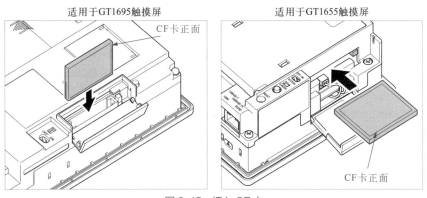

图 6-15　插入 CF 卡

CF 卡插入到位后，按图 6-16 所示，合上 CF 卡接口的护盖，将 CF 卡访问开关置于 ON 状态。

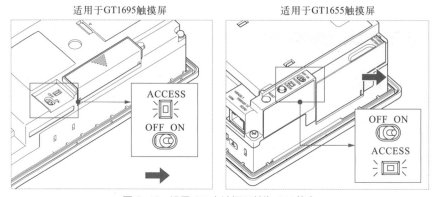

图 6-16　设置 CF 卡访问开关为 ON 状态

拆卸 CF 卡时，先将 CF 卡访问开关置于 OFF 状态，确认 CF 访问开关熄灭后，打开 CF 卡接口的护盖，按下 CF 卡弹出按钮弹出 CF 卡，然后拔出 CF 卡即可，如图 6-17 所示。

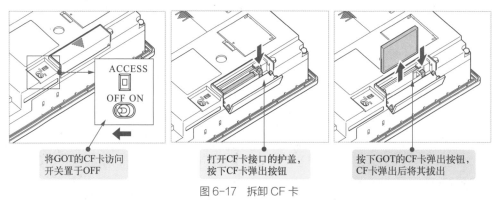

图 6-17　拆卸 CF 卡

6.2　三菱 GOT-GT16 触摸屏的使用操作

6.2.1　三菱 GOT-GT16 触摸屏应用程序主菜单的显示

图 6-18 为三菱 GOT-GT1695 应用程序的主菜单界面。在主菜单界面中显示应用程序可设置的菜单项目，触摸各功能选项，即可显示相应功能的菜单界面。

一般来说，GT1695 应用程序的主菜单可通过三种操作进行显示。

（1）未下载工程数据时

如图 6-19 所示，接通 GOT 电源，在显示标题后会自动弹出主菜单界面。

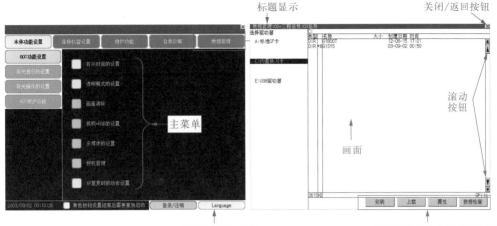

图 6-18 三菱 GOT-GT1695 应用程序的主菜单界面

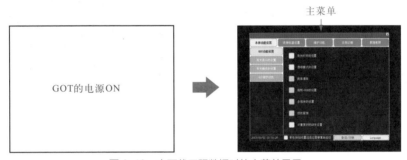

图 6-19 未下载工程数据时的主菜单显示

(2) 触摸应用程序调用键

如图 6-20 所示,在显示用户自制画面时,用手触摸应用程序调用键即可弹出主菜单界面。

一般来说,在出厂时,应用程序调用键的默认位置在 GOT 触摸屏画面的左上角。

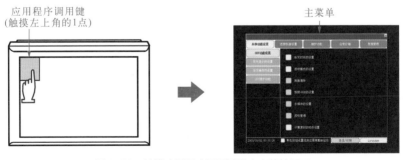

图 6-20 触摸应用程序调用键弹出主菜单界面

触摸显示屏时禁止同时按下两点以上的位置。如果同时触摸，可能未触摸的部位会发生反应。

在应用程序调用键的设置画面中将 [按压时间] 设置为 0s 以外时，按压触摸面板上的 [按压时间] 超过其所设定的时间后，从触摸面板上松开手指。

（3）触摸扩展功能开关

如图 6-21 所示，显示用户自制画面时，触摸扩展功能开关（实用菜单），程序即会弹出主菜单界面。

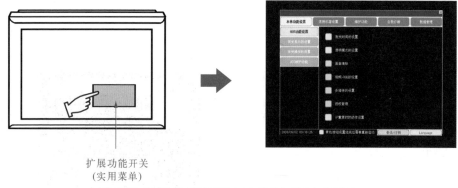

扩展功能开关
（实用菜单）

图 6-21　触摸扩展功能开关（实用菜单）弹出主菜单界面

6.2.2　三菱 GOT-GT16 触摸屏通信接口的设置（连接机器设置）

通信接口的设置用于通信接口的名称及其关联的通信通道、通信驱动程序的显示、通道号的设置。另外，在连接设备详细设置中进行各通信接口的详细设置（通信参数的设置）。

（1）连接机器设置的显示操作

图 6-22 为连接机器设置的显示操作。在连接机器设置的子菜单界面中，可以实现通信接口的名称及与之相关联的通信通道、通信驱动程序名的显示和通道编号的设置。

（2）以太网设置

图 6-23 为以太网设置的显示操作，通过以太网设置界面可实现对网络系统的设置连接。

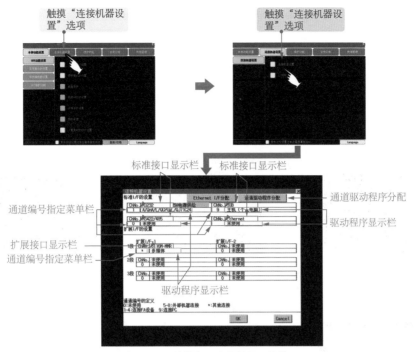

图 6-22 连接机器设置的显示操作

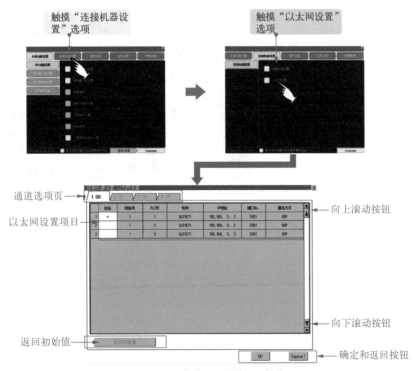

图 6-23 以太网设置的显示操作

6.2.3 三菱 GOT-GT16 触摸屏的基本设置与操作

(1) GT1695 视频设备的连接

连接好外部视频设备后，需要对 GT1695 进行相应的选择设置，使系统所连接的视频设备可正常显示。图 6-24 为视频连接设备设置的显示操作。

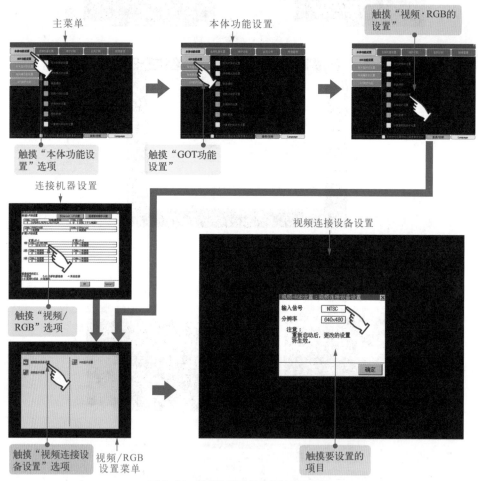

图 6-24　视频连接设备设置的显示操作

(2) GT1695 触摸屏的显示设置

图 6-25 为 GT1695 应用程序显示设置的显示操作。显示设置主要包括信息显示设置、标题显示时间设置、屏幕保护时间设置、屏幕保护背光灯设置、电池报警显示设置、亮度、对比度调节设置、屏幕保护人体感应器设置、人体感应器检测灵敏度设置和人体感应器 OFF 延迟设置等。

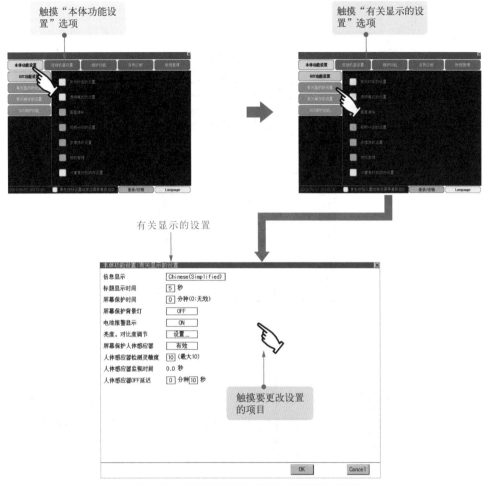

图6-25　GT1695 应用程序显示设置的显示操作

（3）GT1695 触摸屏亮度、对比度的调整设置

图 6-26 为 GT1695 应用程序亮度、对比度调整的显示操作。亮度、对比度的设置主要用以完成对触摸屏亮度和对比度的调节。当触摸亮度、对比度调节后面的设置项目对话框，便会切换到"亮度·对比度调整"界面，用户便可根据需要自行调整。

6.2.4　三菱 GOT-GT16 触摸屏监视功能的设置

在各种监视功能中，GT1695 触摸屏应用程序提供有助于确认 PLC 软元件状态及提高 PLC 发生故障时应对效率的功能。图 6-27 为各种监视功能的显示操作。GT1695 所支持的各种监视功能见表 6-1 所列。

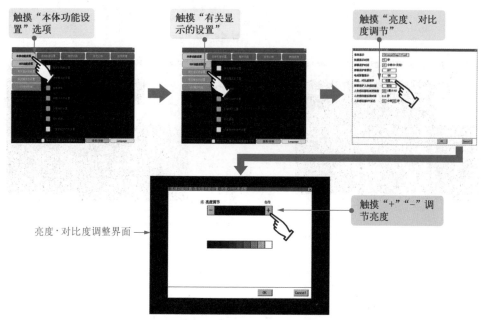

图 6-26　GT1695 应用程序亮度、对比度调整的显示操作

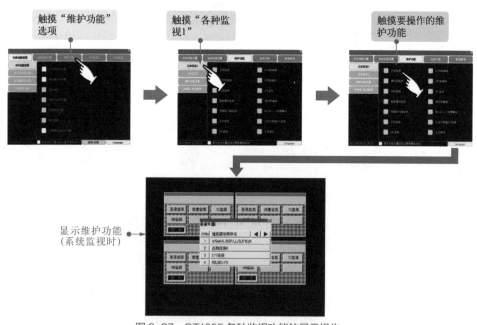

图 6-27　GT1695 各种监视功能的显示操作

表 6-1　GT1695 支持的各种监视功能

监视的项目	内容
系统监视	可以对可编程控制器 CPU 的软元件、智能功能模块的缓冲存储器进行监视、测试

监视的项目	内容
梯形图监视	可以通过梯形图方式对可编程控制器 CPU 的程序进行监视
网络监视	可以监视 MELSECNET/H、MELSECNET（Ⅱ）、CC-Link IE 控制网络、CC-Link IE 现场网络的网络状态
智能模块监视	可以在专用画面中监视智能功能模块的缓冲存储器和更改数据。此外，还可以监视输入输出模块的信号状态
伺服放大器监视	可以进行伺服放大器的各种监视功能、参数更改、测试运行等
运动监视	可以进行运动控制器 CPU（Q 系列）的伺服监视、参数设置
CNC 监视	可以进行与 MELDAS 专用显示器相对应的位置显示监视、报警诊断监视、工具修正参数、程序监视等
A 列表编辑	可以对 ACPU 的顺控程序进行列表编辑
FX 列表编辑	可以对 FXCPU 的顺控程序进行列表编辑
SFC 监视	可以通过 SFC 图方式对（MELSAP3 格式、MELSAP-L 格式）可编程控制器 CPU 的 SFC 程序进行监视
梯形图编辑	可以对可编程控制器 CPU 的顺控程序进行编辑
MELSEC-L 故障排除	显示 MELSEC-L CPU 的显示状态和与故障排除有关的功能按钮
日志阅览	可以阅览通过高速数据记录模块、LCPU 获取的日志数据，经由 GOT 获取日志数据
运动控制器 SFC 监视	可以监视运动控制器 CPU（Q 系列）内的运动控制器 SFC 程序、软元件值
运动控制器程序（SV43）编辑	对应运动控制器的特殊本体 OS（SV43）的功能

6.2.5　三菱 GOT-GT16 触摸屏的安全与数据管理

（1）GT1695 数据的备份和恢复

图 6-28 为数据备份 / 恢复设置的显示操作。GT1695 在"备份 / 恢复"功能界面可实现备份功能（机器→GOT）、恢复功能（GOT→机器）、GOT 数据统一取得功能、备份数据删除的设置操作。

（2）存储器和数据管理

GT1695 可通过存储器、数据管理功能对所使用的 CF 卡或 USB 存储器进行数据的备份、恢复及格式化操作。

图 6-29 为存储器、数据管理的显示及格式化操作。

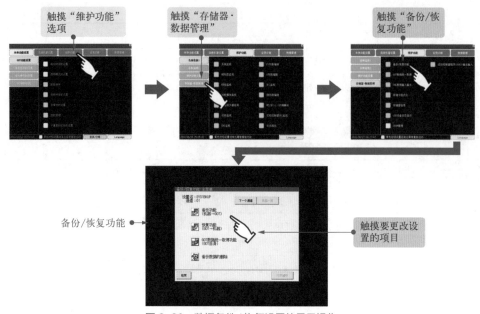

图 6-28　数据备份 / 恢复设置的显示操作

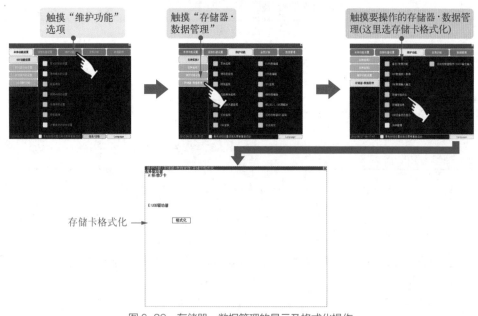

图 6-29　存储器、数据管理的显示及格式化操作

6.2.6　三菱 GOT-GT16 触摸屏的保养维护

（1）触摸屏的日常检查

触摸屏的日常巡检主要包括对触摸屏安装状态的检查、触摸屏连接状态的检查以

及使用状态的检查。具体日常检查项目见表 6-2 所示。

表 6-2　触摸屏的日常检查

检查项目		检查方法	判断标准	处理方法
GOT 的安装状态		确认安装螺栓有无松动	安装牢固	以规定的转矩加固螺栓
GOT 的连接状态	端子螺栓的松动	使用螺钉旋具紧固	无松动	加固端子螺栓
	压接端子的靠近	目测观察	间隔适当	校正
	接口的松动	目测观察	无松动	加固接口固定螺栓
GOT 的使用状态	保护膜的污损	目测观察	污损不严重	更换
	灰尘、异物的附着	目测观察	无附着	清洁，去除

（2）触摸屏的定期检查

除日常检查外，触摸屏建议每隔一段时间要进行定期检查。检查内容包括周围环境的检查、电源电压的检查、安装及连接状态的检查等。具体检查项目见表 6-3 所列。

表 6-3　触摸屏的定期检查

检查项目		检查方法	判断标准	处理方法
周围环境	环境温度	使用温湿度计进行腐蚀性气体的测量	显示部分：0 ~ 40℃ 其他部分：0 ~ 55℃	在柜内使用时，柜内温度就是环境温度
	环境湿度		10 % ~ 90% RH	
	环境		无腐蚀性气体	
电源检查	电源为 AC 100 ~ 240V 的 GOT	AC 100 ~ 240V 端子间电压测量	AC 85 ~ 242V	更改供给电源
	电源为 DC 24V 的 GOT	DC 24V 端子间电压测量（检查输入极性）	左：- 右：+	更改配线
GOT 的安装状态	检查有无松动，晃动	适当用力摇动一下模块	安装牢固	加固螺栓
	检查有无灰尘、异物的附着	目测观察	无附着	清洁，去除
GOT 的连接状态	检查端子螺栓有无松动	使用螺钉旋具紧固	无松动	加固端子螺栓
	检查压接端子间距	目测观察	间隔适当	校正
	检查接口有无松动	目测观察	无松动	接口固定螺栓的加固
电池		对实用菜单 [时间相关设置] 的本体内置电池电压状态进行确认	未发生报警	即使没有电池电压过低的显示，电池到了规定的寿命时也应该进行更换

（3）触摸屏的清洁

在清洁触摸屏时，首先需要通过 GT1695 触摸屏应用程序中的"画面清除"功能清除触摸屏显示画面，以避免擦拭时触摸画面带来的误操作影响。图 6-30 为画面清除的显示操作。

设置好后，即可使用蘸有中性洗剂或乙醇的软布轻轻擦拭污浊的部分。

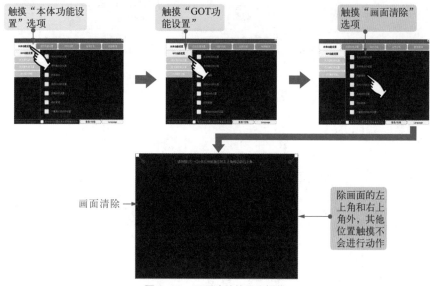

图 6-30　画面清除的显示操作

（4）触摸屏背光灯的更换

为防止触摸屏背光灯老化或故障，需要及时更换。更换前首先切断 GOT 电源，拆卸电源供电线及通信电缆并将 GOT 从控制柜中卸下。然后按图 6-31 所示，取下GOT 右侧扩展模块护盖，并拆卸 GOT 背部固定螺钉。

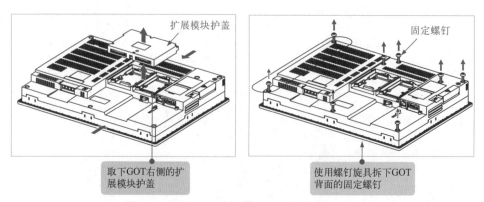

图 6-31　取下 GOT 扩展模块盖板并拆卸固定螺钉

然后，确认新背光灯与故障背光灯的型号一致，其中背光灯型号后面标记有 H01 和 H02 字样，H01 为上侧的背光灯编号，H02 为下侧的背光灯编号。按图 6-32 所示，将上、下侧背光灯电缆及电缆接口拔出。

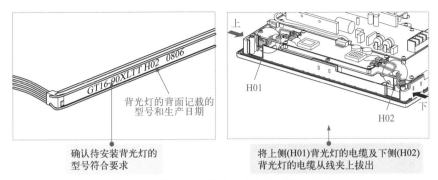

确认待安装背光灯的型号符合要求

将上侧(H01)背光灯的电缆及下侧(H02)背光灯的电缆从线夹上拔出

图 6-32　将上、下侧背光灯电缆及电缆接口拔出

按图 6-33 所示，将 GOT 上、下侧的背光灯分别从更换孔中拔出，然后将新的背光灯替换安装即可。

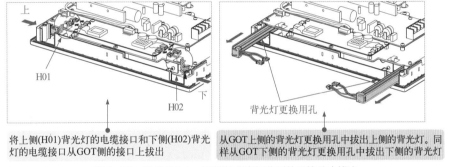

将上侧(H01)背光灯的电缆接口和下侧(H02)背光灯的电缆接口从GOT侧的接口上拔出

从GOT上侧的背光灯更换用孔中拔出上侧的背光灯。同样从GOT下侧的背光灯更换用孔中拔出下侧的背光灯

图 6-33　将 GOT 上、下侧的背光灯分别从更换孔中拔出

提示
说明　　若在拔出背光灯时遇到阻力，切不可盲目用力外拔。如图 6-34 所示，在模块中心侧稍微施力向外拉即可使橡胶托架凸起部的固定松开，这时就可以轻松拔出了。

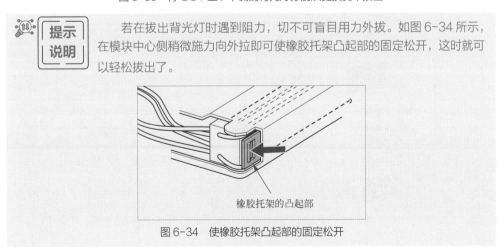

橡胶托架的凸起部

图 6-34　使橡胶托架凸起部的固定松开

6.2.7 三菱 GOT-GT16 触摸屏的故障排查

（1）三菱 GOT-GT16 触摸屏故障线索排查

三菱 GOT-GT16 触摸屏出现故障应先根据具体的故障表现分析可能的故障原因，通过排查、替换逐步缩小故障范围，从而找到故障线索。

图 6-35 为缩小出错位置范围流程图。

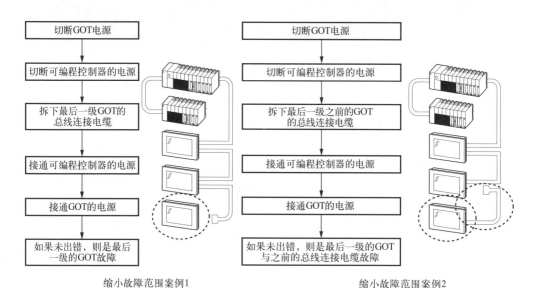

图 6-35　缩小出错位置范围流程图

例如，图 6-36 为可编程控制器 CPU 实际出错时的故障排查流程图。

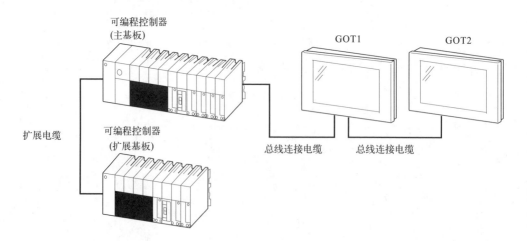

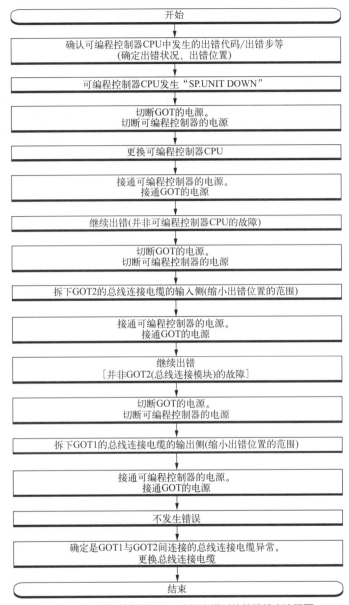

图 6-36　可编程控制器 CPU 实际出错时的故障排查流程图

（2）故障自我诊断和错误代码

当 GOT、连接机器、网络发生错误时，可通过系统报警功能显示出错代码和出错信息。图 6-37 为系统报警的显示操作。

如图 6-38 所示，GT1695 出错代码和出错信息会通过两种方式在屏幕上显示。GT1695 故障代码见表 6-4 所列。

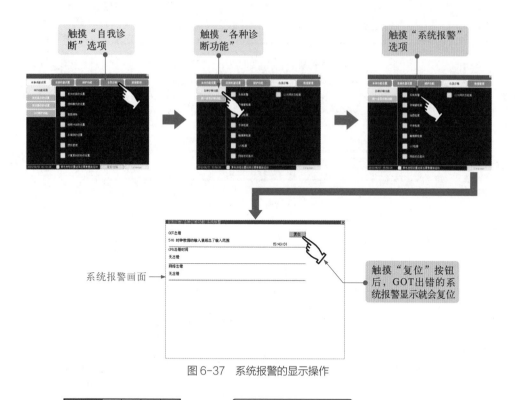

图 6-37　系统报警的显示操作

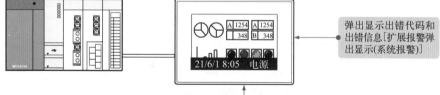

在出错后，可在监视画面的最前端弹出显示出错代码和出错信息。此时，无论画面如何，都会弹出显示报警，因此不会漏过任何一个发生的报警。

(a) 弹出显示出错代码和出错信息

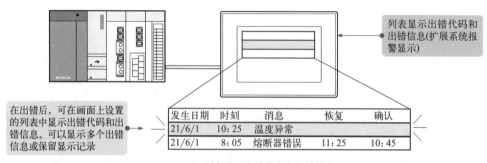

(b) 列表显示出错代码和出错信息

图 6-38　GT1695 出错内容的显示方式

表 6-4　GT1695 故障代码

故障代码	代码含义	处理方法
303	监视点数过多	从显示的画面上减少对象的点数
304	触发点数过多	使用周期/ON 中周期/OFF 中周期的对象点数超过了 100 点，减少对象的点数
306	无工程数据	下载工程数据或画面数据
307	未设置监视软元件	确定对象的监视软元件
308	无注释数据	创建注释文件并下载到 GOT
309	软元件读取出错	修改软元件
310	指定工程数据不存在或者超出了指定编号范围	指定存在的基本画面/窗口画面
311	报警历史记录件数超出了上限	将已经恢复的记录删除以减少件数
312	发散图的采集次数超出了上限	当散点图表中设置了"存储器保存""写入累计次数/平均值"时，收集次数超出了上限。 •使散点图表中设置的"清除触发"成立。 •将散点图表的"次数溢出时的动作"设置为"初始化后继续"
315	发生了软元件写入错误	修改软元件
316	运算结果值不能显示/输入	修改数据运算式，以使其结果处于软元件类型的可表达范围内
317	数据采集的发生频率过高	•将各个对象的触发发生周期设置得长一些。 •设置时请注意不要使超过 257 个设置了显示触发联动数据收集的对象的显示触发同时发生
320	指定部件不存在或者超出了指定编号范围	创建部件文件并下载到 GOT
322	指定软元件 No. 超出了范围	根据要监视的可编程控制器 CPU 以及参数设置，在可监视的范围内设置软元件
330	内存卡的容量不足	确认 CF 卡的可用空间
331	驱动器中未安装内存卡，或者访问开关处于 OFF 状态	•在指定的驱动器中安装 CF 卡。 •将访问开关置于 ON
332	内存卡未格式化	格式化 CF 卡
333	内存卡被写保护	解除 CF 卡的写保护
334	内存卡异常	更换 CF 卡
335	内存卡的电池电压过低	更换 CF 卡的电池
337	文件输出失败	在保存目标 CF 卡/USB 存储器中已经存在与所创建的文件同名的以下任意一项。 •存储了数据的文件夹　　•禁止写入的文件 删除上述文件夹或文件，或者对创建的文件重命名

故障代码	代码含义	处理方法
338	调制解调器未正确连接，或者未打开电源	• 确认调制解调器的连接。　• 接通调制解调器的电源
339	调制解调器初始化失败	确认调制解调器的初始化命令
340	打印机出错，或者未打开电源	• 确认打印机。　• 接通打印机的电源
341	打印机异常	• 确认打印机。　• 接通打印机的电源
342	没有供给外部输出输入模块的外部电源	外部输入输出接口模块发生异常。 • 如果外部电源（DC 24V）未供给，供给外部电源。 • 外部电源已经供给，则更换外部输入输出接口模块
343	外部输出输入模块的安装不当	正确安装外部输入输出接口模块
345	BCD/BIN 转换出错	将显示对象的软元件数据转换为 BCD 值。 输入 4 位整数
351	配方文件异常	• 确认 CF 卡 /USB 存储器中的配方文件的内容。 • 将 CF 卡 /USB 存储器中的配方文件删除（格式化）后再重新启动 GOT
352	配方文件生成失败	插入 CF 卡 /USB 存储器后再重新启动 GOT
353	对配方文件不能进行写入	• 确认 CF 卡 /USB 存储器的写保护。 • 确认 CF 卡 /USB 存储器的可用空间。 • 勿在配方动作中时拔出 CF 卡 /USB 存储器
354	配方文件写入过程中发生了错误	勿在配方动作中时拔出 CF 卡 /USB 存储器
355	配方文件读取过程中发生了错误	• 勿在配方动作中时拔出 CF 卡 /USB 存储器。 • 确认 CF 卡 /USB 存储器中配方文件的内容（软元件值）
356	PLC 中发生了文件系统错误	• 确认文件寄存器名后再重新执行配方功能。 • 通过 GX Developer 将指定的可编程控制器 CPU 驱动器进行 PLC 存储器格式化后再重新执行配方功能
357	指定 PLC 的驱动器异常	• 确认所指定的可编程控制器 CPU 驱动器后再重新执行配方功能。 • 通过 GX Developer 将指定的可编程控制器 CPU 驱动器进行 PLC 存储器格式化后再重新执行配方功能
358	PLC 的文件访问失败	• 确认所指定的可编程控制器 CPU 驱动器 / 文件寄存器名后再重新执行配方功能。（如果指定了驱动器 0，请更改为其他驱动器后再重新执行配方功能。） • 确认 CF 卡 /USB 存储器是否被写保护，然后再重新执行配方功能
359	正在进行来自外部设备的处理	等其他外部设备的处理结束后再重新执行配方功能

故障代码	代码含义	处理方法
360	发生了除数为 0 的除法错误	修改数据运算式，使除数不为零
361	超出了指定文件编号范围	确认输入文件编号的值并输入合适的值（1 ~ 9999）
362	时间动作设置软元件值不正确	设置有效的值
370	上下限的大小关系有矛盾	请确认上下限值的设置内容，改正为 [上限≥下限]
380	USB 驱动器的空间不足	确认容量，如容量不足，请增加可用空间
381	USB 驱动器没有安装或者处于可移除状态	没有安装 USB 存储器时，安装 USB 存储器。 USB 存储器为可移除状态时，重新安装 USB 存储器
382	USB 驱动器没有格式化	重新格式化 USB 存储器
383	USB 驱动器处于写入保护，无法写入	解除 USB 存储器的写保护
384	USB 驱动器异常	更换 USB 存储器
402	通信超时	• 确认是否脱线、通信模块的安装状态及可编程控制器的状态。 • 当访问其他站点时有可能会因可编程控制器 CPU 的负载加重而发生此类错误，此时将其他站点的数据转移到本站的可编程控制器 CPU 中，通过本站进行监视。 • 顺控程序扫描时间过长时请输入 COM 命令。 • 确认通信驱动程序的版本是否为支持连接机器的版本
403	通信的 SIO 接收状态异常	确认是否脱线、通信模块的安装状态、可编程控制器的状态以及计算机连接的传送速度
406	指定站超出了访问范围	• CC-Link 连接（经由 G4）时指定了主站 / 本地站以外的站号。 • 访问了非 QCPU 的可编程控制器 CPU。 确认工程数据的站号
410	PLC 处于 RUN 状态，因此不能进行操作	停止可编程控制器 CPU
411	安装在 PLC 中的存储盒处于禁止写入状态	检查可编程控制器 CPU 上安装的存储盒
422	CPU 与 E71 之间不能进行通信	通过 GX Developer 等确认可编程控制器 CPU 有无异常（确认缓冲存储器）
460	通信单元异常	• 复位 GOT 的电源。 • 更换模块
482	超出了相同模块的允许安装数量	确认模块的数目，将不需要的模块取下
483	同时安装了相互排斥的不同种类的模块	确认安装的模块，将不需要的模块取下
484	存在安装位置不正确的模块	确认模块的安装位置
492	安装了无法使用的通信模块	拆卸无法使用的模块

故障代码	代码含义	处理方法
500	GOT 内置电池的电压过低	更换 GOT 的内置电池
502	背光灯已临近保养期	可以在更换背光灯后执行累计值复位功能进行恢复。还可以手动将通知信号设为 OFF 来进行恢复，此时请将设置值更改为大于累计值的值后再设为 OFF
503	显示器已临近保养期	可以在更换显示器后执行累计值复位功能进行恢复。还可以手动将通知信号设为 OFF 来进行恢复，此时请将设置值更改为大于累计值的值后再设为 OFF
504	触摸键已临近保养期	可以在更换触摸键后执行累计值复位功能进行恢复。还可以手动将通知信号设为 OFF 来进行恢复，此时请将设置值更改为大于累计值的值后再设为 OFF
506	背光灯的保养期已到	可以在更换背光灯后执行累计值复位功能进行恢复。还可以手动将通知信号设为 OFF 来进行恢复，此时请将设置值更改为大于累计值的值后再设为 OFF
511	检测出背光灯关闭	背光灯关闭或背光灯点亮的状态不稳定
520	内置闪存卡的容量不足	• 确认指定的缓冲存储区的大小是否正确
521	用户存储器（RAM）的容量不足	• 确认指定的缓冲存储区的大小是否正确
527	SRAM 的可使用空间不足	• 查看合计数据有无超过保存容量，确认设置。 • 存储有未使用或不需要的数据时，进行数据初始化，确保保存容量
528	SRAM 出现异常，数据写入失败	应是 GOT 本体的故障
536	图像文件异常，或者格式不对应	• 确认 CF 卡 /USB 存储器中的图像文件是否正常。 • 确认是否存储了不支持的文件类型的图像文件
571	D 驱动器没有可用空间	对 D 驱动器进行存储器格式化，以确保可用空间
600	不兼容的打印模块版本	使用最新的 GT Designer3、GT Designer2 安装扩展功能 OS（打印机）
601	打印模块异常	确认打印机模块是否正确安装。 如果打印机模块已经正确安装，则说明内置闪存存在故障或已经达到使用期限，更换打印机模块
603	外部输入输出模块异常	确认外部输入输出模块是否正确安装
610	执行存储器的容量不足	将不需要的文件删除，确保存储器的可用空间
850	850 开关状态设置发生了错误	• 确认开关设置是否有误。 • 确认 SW006A 中存储的出错代码
852	本站线路状态异常	确认电缆状态
853	发生了瞬时错误	确认（SW0094 ~ SW0097）中存储的各站点的瞬时传送出错的发生状态

第 **7** 章

触摸屏编程

7.1 GT Designer3 触摸屏编程

GT Designer3 触摸屏编程软件是针对三菱触摸屏（GOT 1000 系列）进行编程的软件。

7.1.1 GT Designer3 触摸屏编程软件的安装与启动

（1）GT Designer3 触摸屏编程软件的安装

GT Designer3 是用于创建 GOT1000 系列用的工程软件，可在 Windows XP（32bit/64bit）、Windows Vista（32bit/64bit）、Windows 7（32bit/64bit）操作系统中运行。

 提示说明 在创建/编辑 GOT900 用工程时，应选用 GT Designer2 Classic 触摸屏编程软件。

安装 GT Designer3 触摸屏编程软件，首先需要在三菱机电官方网站中下载软件程序，并将下载的压缩包文件解压缩，如图 7-1 所示。

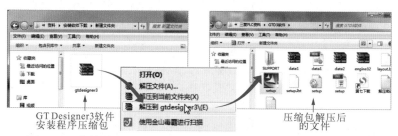

图 7-1 下载并解压 GT Designer3 触摸屏编程软件的安装程序压缩包文件

确认安装前的准备工作完成后，找到解压后文件夹中的软件安装程序"setup"文件，双击运行程序，开始安装，如图 7-2 所示。

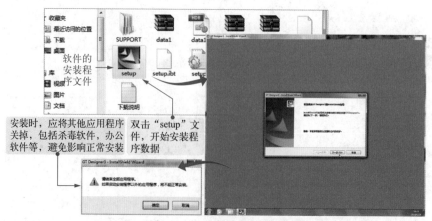

图 7-2 GT Designer3 触摸屏编程软件主程序安装

在出现"欢迎"对话框中，单击下一步即可，如图 7-3 所示。

图 7-3　GT Designer3 触摸屏编程软件主程序的安装过程

正确填入用户信息和序列号后，单击"下一步"按钮，进入选择安装路径对话框，如图 7-4 所示，这里选择默认路径后，单击"下一步"按钮即可。

图 7-4　软件安装过程中的设置

根据安装向导，单击"下一步"即可开始安装程序，直至安装完成，如图 7-5 所示。

图 7-5　软件安装及安装完成

安装完成后，在计算机桌面上可看到 GT Designer3 触摸屏编程软件图标，同时，由于软件包含有 GT Simulator3 仿真软件部分，在计算机桌面上同时出现 GT Simulator3 仿真软件图标，如图 7-6 所示。

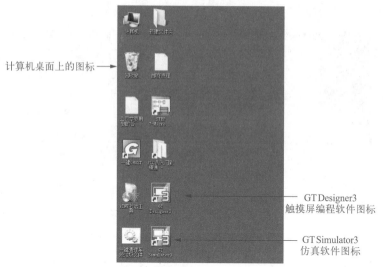

计算机桌面上的图标 →

GT Designer3
触摸屏编程软件图标

GT Simulator3
仿真软件图标

图7-6 GT Designer3 触摸屏编程软件安装完成

（2）GT Designer3 触摸屏编程软件的启动

GT Designer3 触摸屏编程软件用于设计三菱触摸屏画面和控制功能。使用时需要先将已安装好的 GT Designer3 启动运行。即在软件安装完成后，双击桌面上的 GT Designer3 图标或执行"开始"→"所有程序"→"MELSOFT 应用程序"→"GT Works3"→"GT Designer3"命令，打开软件，进入编程环境，如图 7-7 所示。

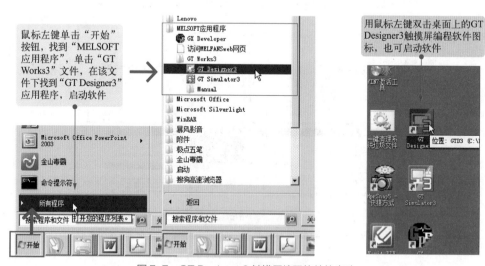

鼠标左键单击"开始"按钮，找到"MELSOFT 应用程序"，单击"GT Works3"文件，在该文件下找到"GT Designer3"应用程序，启动软件

用鼠标左键双击桌面上的GT Designer3触摸屏编程软件图标，也可启动软件

图7-7 GT Designer3 触摸屏编程软件的启动

7.1.2 GT Designer3 触摸屏编程软件的特点

图7-8 为 GT Designer3 触摸屏编程软件的画面结构。

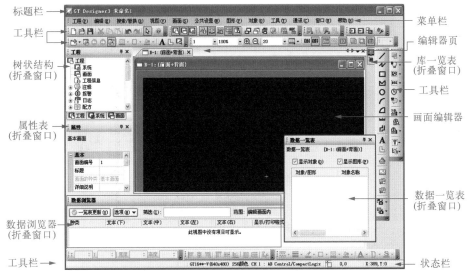

标题栏

工具栏

树状结构
(折叠窗口)

属性表
(折叠窗口)

数据浏览器
(折叠窗口)

工具栏 ⟶

菜单栏

编辑器页

库一览表
(折叠窗口)

工具栏

画面编辑器

数据一览表
(折叠窗口)

状态栏

图 7-8　GT Designer3 触摸屏编程软件的画面结构

GT Designer3
触摸屏编程软件

◆【标题栏】显示软件名、工程名 / 工程文件名。

◆【菜单栏】可以通过下拉菜单操作 GT Designer3。

◆【工具栏】可以通过选择图标操作 GT Designer3。

◆【编辑器页】显示打开着的画面编辑器或 [连接机器的设置] 对话框、[环境设置] 对话框的页。

◆【画面编辑器】通过配置图形、对象，创建在 GOT 中显示的画面。

◆【折叠窗口】折叠窗口有如图 7-9 所示的几种。

树状结构：树状结构分为工程树状结构、画面一览表树状结构、系统树状结构。

属性表：可显示画面或图形、对象的设置一览表，并可进行编辑。

库一览表：可显示作为库登录的图形、对象的一览表。

数据一览表：可显示在画面上设置的图形、对象的一览表。

画面图像一览表：可显示基本画面、窗口画面的缩略图，或创建、编辑画面。

分类一览表：可分类显示图形、对象。

部件图像一览表：可显示作为部件登录的图形一览表，或者登录、编辑部件。

数据浏览器：可显示工程中正在使用的图形 / 对象的一览表。

可对一览表中显示的图形 / 对象进行搜索和编辑。

◆【状态栏】显示光标所指的菜单、图标的说明或 GT Designer3 的状态。

（1）菜单的功能

图 7-10 为 GT Designer3 触摸屏编程软件菜单栏的结构，菜单栏中的具体构成根据所选 GOT 类型不同而有所不同。

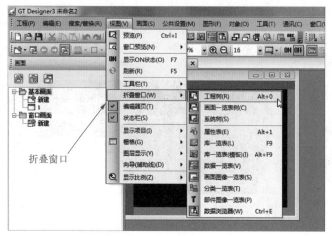

图 7-9 折叠窗口

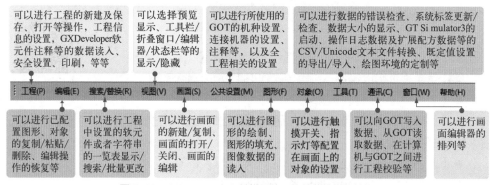

图 7-10 GT Designer3 触摸屏编程软件菜单栏的结构

（2）工具栏说明

图 7-11 为 GT Designer3 触摸屏编程软件的工具栏部分，可以通过显示菜单切换各个工具栏的显示 / 隐藏。

图 7-11 GT Designer3 触摸屏编程软件的工具栏

（3）编辑器页的操作

编辑器页是设计触摸屏画面内容的主要部分，位于软件画面的中间部分，一般为黑色底色，如图 7-12 所示。

显示中的画面编辑器或"环境设置""连接机器的设置"对话框等页出现在编辑器页中。通过选择页，可选择想要编辑的画面并将其显示在最前面。关闭页，其对应的画面也关闭，如图 7-13 所示。

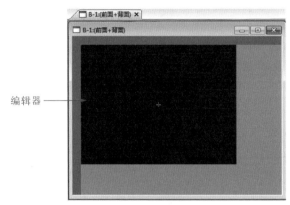

图 7-12　编辑器页

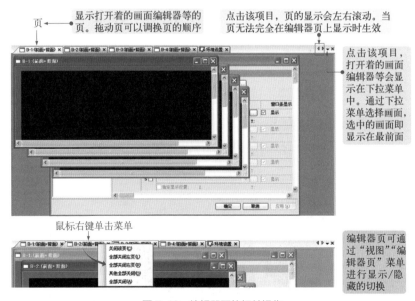

图 7-13　编辑器页的相关操作

（4）树状结构的操作

树状结构是按照数据种类分别显示工程公共设置以及已创建画面等的树状显示。可以轻松进行全工程的数据管理以及编辑。

树状结构包括工程树状结构、画面一览表树状结构、系统树状结构，如图 7-14 所示。

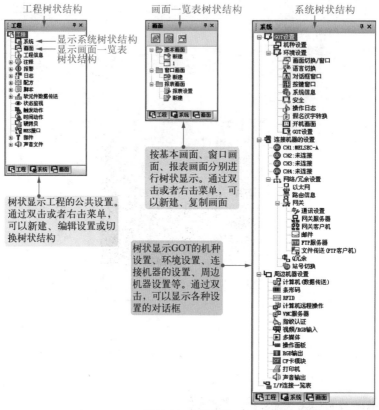

图 7-14　树状结构

（5）画面图像一览表的操作

画面图像一览表可以选择缩略显示的画面的种类。选择"视图"→"折叠窗口"→"画面图像一览表"菜单，即弹出"画面图像一览表"窗口，如图 7-15 所示。

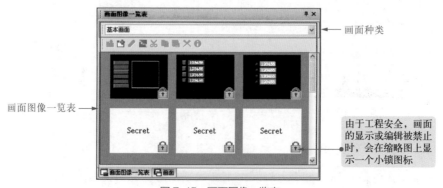

图 7-15　画面图像一览表

7.1.3 GT Designer3 触摸屏编程软件的使用方法

（1）新建工程

使用 GT Designer3 触摸屏编程软件设计触摸屏画面，首先需要进行"新建工程"操作，即新工程的创建。

① 使用新建工程向导新建工程　一般 GT Designer3 触摸屏编程软件带有新建工程向导，可根据新建工程向导逐步建立新工程。

选择"工程"→"新建"菜单或点击"工程选择"对话框的"新建"按钮，弹出"新建工程向导"，如图 7-16 所示。

图 7-16　"新建工程向导"对话框

创建工程时，需要进行以下设置（工程创建后也可以更改）。

- 所使用 GOT 的机种设置。
- 连接机器的设置。
- 基本画面的画面切换软元件的设置。

使用新建工程向导创建时，可以根据必要的设置流程进行设置，如图 7-17 所示。

图 7-17

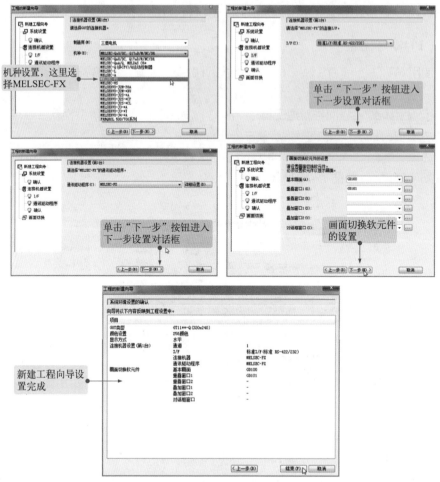

图 7-17　创建工程时的设置

② 不使用新建工程向导　不使用新建工程向导也可以新建工程。不使用新建工程向导时，应在"选项"对话框的"操作"页上，取消"显示新建工程向导"复选框的勾选，如图 7-18 所示。

取消了"显示新建工程向导"复选框的勾选时，按照前一次创建工程的设置，新建工程。点击"工程选择"对话框的"新建"按钮或选择"工程"→"新建"菜单，新建工程，如图 7-19 所示。

设置完必要的项目之后，点击"确定"按钮，工程创建完成。随后弹出"连接机器的设置"对话框，如图 7-20 所示，根据需要选择想要连接机器的制造商、机种、GOT 的接口、通信驱动程序等。

设置完成点击"确定"按钮，完成相关设置。

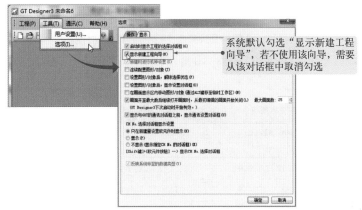

图 7-18　取消"显示新建工程向导"复选框的勾选

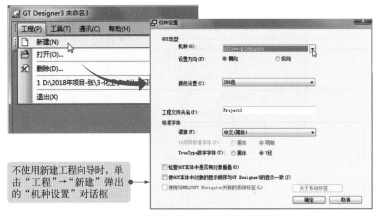

图 7-19　不使用新建工程向导时的新建工程

图 7-20　"连接机器的设置"对话框

(2) 打开/关闭工程

选择"工程"→"打开"菜单，即弹出"打开工程"对话框。点击"打开"按钮，即打开所选择的GT Designer3 工程，如图 7-21 所示。选择"工程"→"关闭"菜单，已打开的工程即关闭。

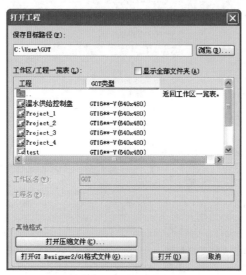

图 7-21　打开/关闭工程

 工程的打开方法因工程的类型而异。可用 GT Designer3 处理的工程格式如下。

GT Designer3 工程：打开 GT Designer3 工程。

GTW 格式（*.GTW）：读取压缩文件（GTW 格式）。

GTE 格式（*.GTE）、GTD 格式（*.GTD）*1、G1 格式（*.G1）：读取 GT Designer2/G1 格式的工程。

(3) 创建/打开/关闭画面

① 创建画面　画面是完成设计触摸屏控制功能的主要工作窗口，可通过选择"画面"→"新建"→"基本画面"/"窗口画面"菜单，弹出"画面的属性"对话框，如图 7-22 所示。

② 打开和关闭画面　图 7-23 为打开和关闭画面操作。

 打开画面操作也可以从菜单打开，选择"画面"→"打开"菜单，即弹出"打开画面"对话框。（在"打开画面"对话框中双击画面，也可以打开画面。）

图 7-22　创建画面

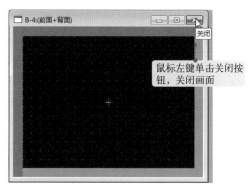

图 7-23　打开和关闭画面操作

（4）画面编辑器与 GOT 显示画面的关系

画面编辑器中设计的内容将直接体现在触摸屏显示画面中，图 7-24 为画面编辑器与 GOT 显示画面的关系。

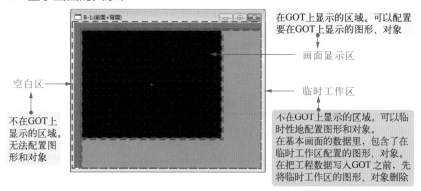

图 7-24　画面编辑器与 GOT 显示画面的关系

7.1.4　触摸屏与计算机之间的数据传输

GT Designer3 触摸屏编程软件安装在符合应用配置要求的计算机中，在计算机中创建好的工程要通过连接写入到触摸屏中进行显示，如图 7-25 所示。

(1) 电缆的连接

将 GT Designer3 触摸屏编程软件中设计的工程写入到触摸屏中，首先需要将装有 GT Designer3 软件的计算机与触摸屏之间进行连接。一般可通过 USB 电缆、RS 232 电缆、以太网电缆（网线）进行连接，如图 7-26 所示。

图 7-25　GT Designer3 触摸屏编程软件中设计的工程写入到触摸屏中

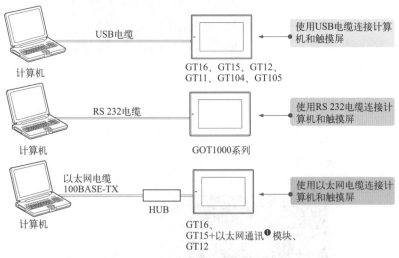

图 7-26　计算机与触摸屏之间的电缆连接

(2) 通讯设置

计算机与触摸屏通过电缆连接后，接下来需要进入 GT Designer3 触摸屏编程软件中进行通讯设置。

❶ 旧称通讯，现规范为通信。为准确对应软件操作步骤，本章统一使用"通讯"。

选择 GT Designer3 触摸屏编程软件菜单栏中的"通讯",调出"通讯设置"对话框,如图 7-27 所示。

通讯设置内容需要根据实际所连接电缆的类型,选择设置的项目,包括选择 USB(USB 电缆连接时)、选择 RS232(RS232 电缆连接时)、选择以太网(网线连接时)、选择调制解调器,如图 7-28 所示。

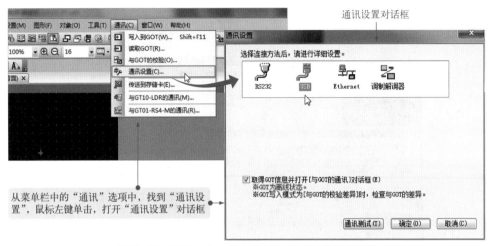

图 7-27 GT Designer3 触摸屏编程软件中的通讯设置

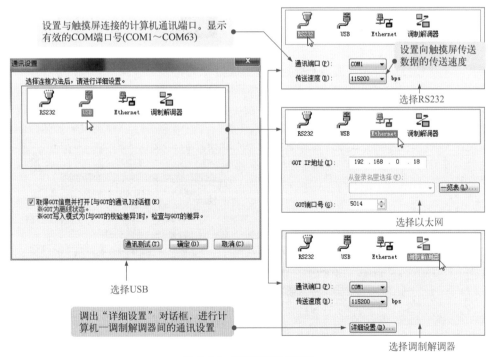

图 7-28 通讯设置相关项目

(3) 工程数据写入到触摸屏（计算机→GOT）

从 GT Designer3 触摸屏编程软件向触摸屏写入工程数据和 OS（操作系统）。

如图 7-29 所示，从菜单栏执行"通讯"→"通讯设置"菜单，在"通讯设置"对话框中进行通讯设置。然后，选择"通讯"→"写入到 GOT"菜单，弹出"与GOT 的通讯"对话框的"GOT 写入"页。

图 7-29　工程数据写入到触摸屏

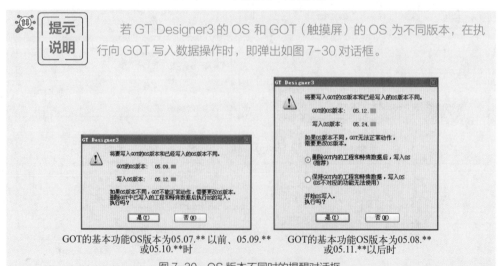

提示说明　若 GT Designer3 的 OS 和 GOT（触摸屏）的 OS 为不同版本，在执行向 GOT 写入数据操作时，即弹出如图 7-30 对话框。

GOT 的基本功能 OS 版本为 05.07.** 以前、05.09.** 或 05.10.** 时

GOT 的基本功能 OS 版本为 05.08.** 或 05.11.** 以后时

图 7-30　OS 版本不同时的提醒对话框

若 GT Designer3 和 GOT 的 OS 版本不同，工程数据将无法正确动作，点击 [是] 按钮，以写入 OS。

一旦写入 OS，将会先删除 GOT 的 OS，然后再向其中写入 GT Designer3 的 OS，因此 GOT 中的 OS 文件种类、OS 数量将可能出现变化（降低 OS 版本时，尚未支持的 OS 将被删除）。中断写入时，点击 [否] 按钮。

另外，在工程数据写入时需要注意：

◇ 不可切断 GOT 的电源；

◇ 不可按下 GOT 的复位按钮；

◇ 不可拔出通讯电缆；

◇ 不可切断计算机的电源。

若写入工程数据失败时，则需要通过 GOT 的实用菜单功能，先将工程数据删除，然后再重新写入工程数据。

（4）从触摸屏中读取工程数据（GOT →计算机）

当需要对触摸屏中的工程数据进行备份时，应将 GOT 中的工程数据读取至计算机的硬盘等中进行保存。

读取工程数据时，从菜单栏中选择"通讯"选项，然后从下拉菜单中选择"通讯设置"菜单，在"通讯设置"对话框中进行通讯设置，然后选择"通讯"→"读取 GOT"，在弹出"与 GOT 的通讯"对话框中，选择"GOT 读取"选项，如图 7-31 所示。

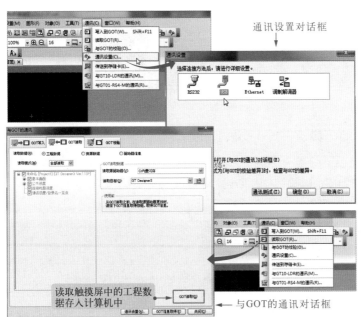

图 7-31　从触摸屏中读取工程数据操作

（5）校验工程数据（GOT ←→计算机）

校验工程数据是指对 GOT 本体中的工程数据和通过 GT Designer3 打开的工程
数据进行校验，包括检查数据内容，用以判断工程数据是否存在差异；检查数据更新
时间，用以判断工程数据的更新时间是否存在差异。

如图 7-32 所示为工程数据的校验方法。即选择菜单栏中的"通讯"选项，在下
拉菜单中选择"通讯设置"，在"通讯设置"对话框中进行通讯设置，然后在"通讯"
下拉菜单中选择"与 GOT 的校验"。

图 7-32　校验工程数据

（6）启动仿真软件 GT Simulator3

GT Simulator3 软件为触摸屏仿真软件，也称为模拟器，即用于在计算机未连接
触摸屏时，作为模拟器模拟软件所设计的画面及相关操作。

如图 7-33 所示，可以从 GT Designer3 触摸屏编程软件中，直接启动 GT
Simulator3。即选择菜单栏中的"工具"选项，在下拉菜单中选择"模拟器"→"启
动"菜单后，启动 GT Simulator3。

7.1.5　GT Designer3 触摸屏编程软件的编程案例

借助 GT Designer3 触摸屏编程软件为触摸屏编程，设计触摸屏画面上显示的内
容和控制方式。

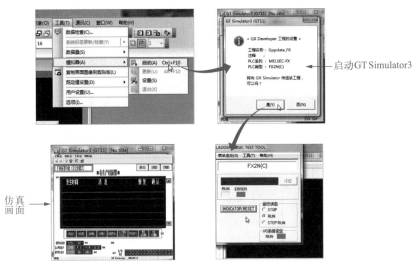

图 7-33　启动仿真软件 GT Simulator3

　　如图 7-34 所示，编程前，首先了解触摸屏编程软件、触摸屏和 PLC 的关系。在 GT Designer3 触摸屏编程软件中通过粘贴开关图形、指示灯图形、数值显示等对象的显示框图来创建画面，通过 PLC 将程序的位元件和字元件的动作功能设置到粘贴的对象中，即建立触摸屏与 PLC 的对应关系，便可通过操作触摸屏来控制 PLC 的各项动作。

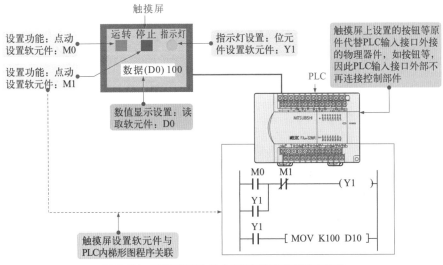

图 7-34　触摸屏与 PLC 之间通过编程软件建立关联

　　以小车正反转控制为例，简单介绍 GT Designer3 触摸屏编程软件的编程方法。

（1）PLC 和触摸屏软元件的地址分配

　　触摸屏编程前，首先应将触摸屏软元件与 PLC 梯形图中的软元件编址，建立关联，见表 7-1 所列。

表 7-1 PLC 和触摸屏软元件的地址分配表

输入地址编号		输出地址编号		其他软元件编号	
功能	编址	功能	编址	功能	编址
正转启动	M1	正转控制接触器	Y0	运行时间设定值	D1
反转启动	M2	反转控制接触器	Y1	运行时间显示值	D2
停止	M3	停止指示灯	M0	定时器 T0 设定值	D10

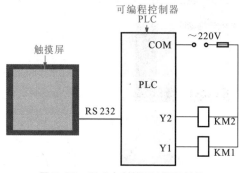

图 7-35 PLC 与触摸屏之间的接线

（2）PLC 与触摸屏之间的接线

如图 7-35 所示，将触摸屏与 PLC 之间通过电缆连接（这里选用 RS 232 接口及电缆），完成物理连接。

（3）编写 PLC 梯形图程序

本例通过 PLC 实现小车的正反转控制，首先根据控制需求通过 PLC 编程软件，向 PLC 中编写控制梯形图（在 GX Developer 编程软件中编写），如图 7-36 所示。

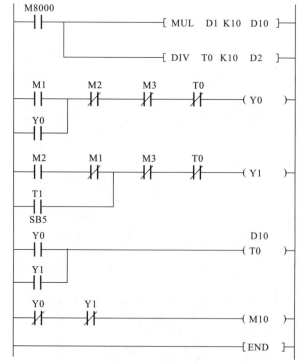

图 7-36 小车的正反转控制 PLC 梯形图

（4）触摸屏编程（画面设计）

在 GT Designer3 触摸屏编程软件中，根据新建工程向导，选择触摸屏型号
[GT11**-Q（320×240）]、选择与之相连的 PLC 型号（MELSEC-FX）等，完成
新建工程操作，如图 7-37 所示。

图 7-37　新建小车正反转控制触摸屏画面设计工程

建立两个窗口，分别用于设计"欢迎界面"和"操作界面"，如图 7-38 所示。

图 7-38　新建窗口

① 设计欢迎界面　在新建窗口一中设计欢迎界面。欢迎界面比较简单，主要为文字说明和日期、时间显示，如图 7-39、图 7-40 所示。

图 7-39　欢迎界面的文本设计

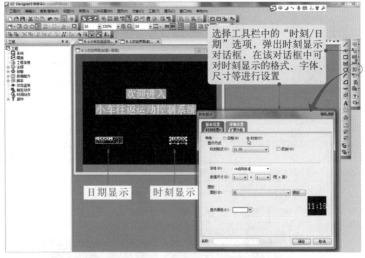

图 7-40　欢迎界面的日期和时刻显示设计

② 设计操作界面　操作界面是触摸屏控制 PLC 输入指令的核心部分。操作界面中应包括对 PLC 进行控制的所有内容，即 PLC 输入端指令内容。

首先设计"设定运行时间"和"已经运行时间"文本及"数值输入 / 显示"，并进行软元件定义，如图 7-41 所示。

接着，设计"指示灯显示（位）"，并定义与 PLC 梯形图中相关的软元件，如图 7-42 所示。

图 7-41　操作界面"设定运行时间"和"已经运行时间"的相关设计

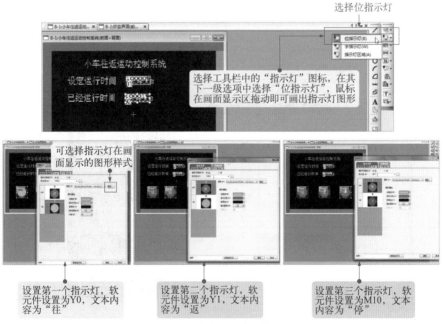

图 7-42　设计操作界面中的指示灯显示

接着，设计"位开关"，并定义与 PLC 梯形图中相关的软元件，如图 7-43 所示。

在画面右下角设置返回开关，即选择工具栏中的"画面切换开关"，指定切换到固定画面，画面编号为"2"，即"欢迎界面"，如图 7-44 所示，颜色，外形可根据需要自定义，文本标签在 OFF 时为"返回"，ON 时为空即可。

选择位开关

选择工具栏中的"开关"图标，在其下一级选项中选择"位开关"，鼠标在画面显示区拖动即可画出开关图形

设置第一个位开关，软元件设置为M1，动作设置为"点动"，文本内容OFF状态为"点击往"，ON状态为"开始往"

设置第二个位开关，软元件设置为M2，动作设置为"点动"，文本内容OFF状态为"点击返"，ON状态为"开始返"

设置第三个位开关，软元件设置为M3，动作设置为"点动"，文本内容OFF状态为"点击停止"，ON状态为"正在停止"

图 7-43　设计操作界面中的操作开关

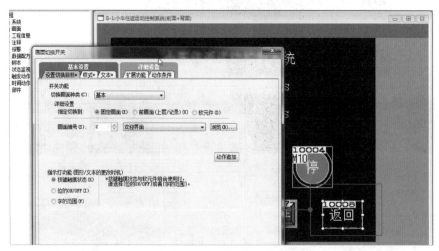

图 7-44　返回画面切换开关设计

　　至此，画面设计完成，如图 7-45 所示。

　　③ 两个画面的切换动作设置　在"欢迎界面"要求能够通过设定的动作切换到"操作界面"，此时需要在"欢迎界面"进行画面切换动作设置。如图 7-46 所示，在"欢迎界面"窗口点击鼠标右键选择"画面的属性"，在弹出对话框中，选择第四个选项卡"对话框窗口"右下角的"画面切换"按钮，单击按钮弹出"环境设置"对话框，

按对话框选项进行设置。

图 7-45　小车往返运动控制系统画面设计

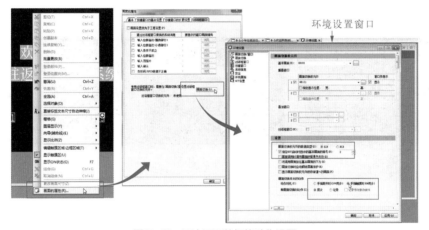

图 7-46　两个画面的切换动作设置

当画面进入"操作界面"后，点击"返回"按钮即可返回到"欢迎界面"。

（5）写入 GOT

触摸屏画面设计完成后，选择软件菜单栏中的"通讯"选项，在其下拉菜单中，选择"写入到 GOT"，弹出"与 GOT 通讯"对话框，如图 7-47 所示，在对话框中选择写入数据，单击"GOT 写入"按钮，开始与 GOT 通讯。

（6）联机运行

在"欢迎界面"，手指触摸任意位置，可进入"操作界面"，在"操作界面"，点击"返回"按钮可返回到"欢迎界面"；进入"操作界面"后，点击"设定运行时间"，弹出小窗口提示，输入一个数字作为运行时间；点击"操作界面"中的"点击往""点击返""点击停止"等按钮进行系统控制，如图 7-48 所示。

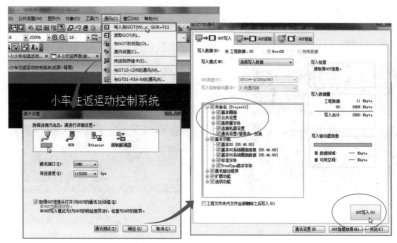

图 7-47　写入 GOT（软件与触摸屏的通讯）

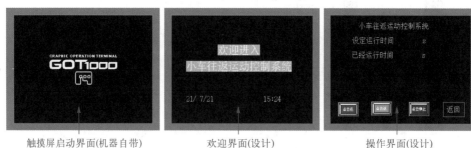

触摸屏启动界面(机器自带)　　　　欢迎界面(设计)　　　　　操作界面(设计)

图 7-48　联机运行

提示说明

联机运行时，若发现通讯错误，应检查通讯连接线有无松动；检查通讯设置是否正确，即 PLC 及触摸屏端与计算机（安装有编程软件）用 USB 连接；触摸屏与 PLC 之间用 RS232 通讯接口连接（可根据实际连接接口设定），如图 7-49 所示。

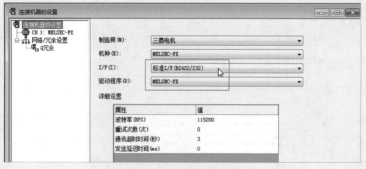

图 7-49　检查通讯设置

7.2 GT Simulator3 触摸屏仿真软件

GT Simulator3 触摸屏仿真软件可以在没有三菱触摸屏实际主机的情况下，模拟触摸屏显示，在触摸屏编程、调试环节应用广泛。

7.2.1 GT Simulator3 触摸屏仿真软件的启动

GT Simulator3 触摸屏仿真软件可通过双击计算机桌面上的图标启动，也可通过 GT Designer3 触摸屏编程软件启动，如图 7-50 所示。

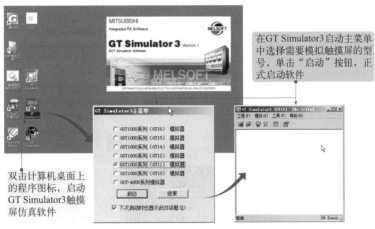

图 7-50　GT Simulator3 触摸屏仿真软件的启动

启动仿真软件 GT Simulator3 应注意，在计算机中必须安装有 GX Simulator 才可启动，否则启动 GT Simulator3 时会提示未安装 GX Simulator，如图 7-51 所示。GX Simulator 为 GX Developer（PLC 编程软件）中的一个插件，也称为 PLC 仿真软件。

图 7-51　GT Simulator3 启动不成功

提示说明

GT Simulator3 触摸屏仿真软件一般不需要独立安装。GT Designer3 触摸屏编程软件的安装程序集成了 GT Simulator3 触摸屏仿真软件，安装 GT Designer3 时，在计算机中也会同步安装 GT Simulator3 触摸屏仿真软件。

此时，需要在计算机中另外安装 GX Simulator 软件（下载软件安装程序，双击 SETUP 文件安装），如图 7-52 所示。安装完成后作为插件安装到 GX Developer 编程软件中，此时再从 GT Designer3 触摸屏编程软件中启动 GT Simulator3 即可。

图 7-52　安装 GX Simulator 软件

注意区分软件名称：

GX Developer 为 PLC 编程软件；

GT Designer3 为触摸屏编程软件；

GT Simulator3 为触摸屏仿真软件；

GX Simulator 为 GX Developer 中的一个插件，也称为 PLC 模拟调试软件。

7.2.2 GT Simulator3 触摸屏仿真软件的画面结构

GT Simulator3 触摸屏仿真软件支持用 GT Designer3 创建的 GOT1000 系列的工程数据，也支持用 GT Designer2/ GT Designer3 Classic 创建的 GOT-A900 系列工程数据的模拟。

图 7-53 为 GT Simulator3 触摸屏仿真软件的画面结构。

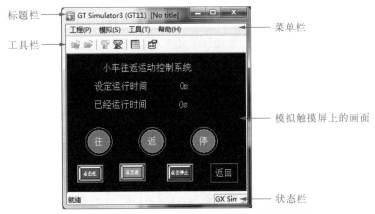

图 7-53　GT Simulator3 触摸屏仿真软件的画面结构

从 GT Simulator3 触摸屏菜单栏的下拉菜单中，可以看到该仿真软件可实现的基本操作，如图 7-54 所示。

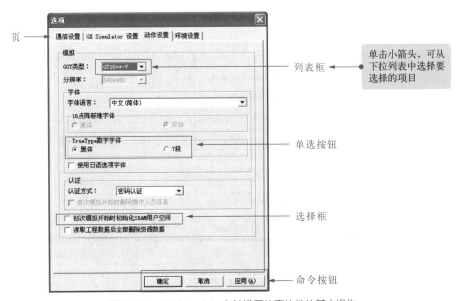

图 7-54　GT Simulator3 触摸屏仿真软件的基本操作

第 **8** 章

WinCC flexible Smart 组态软件

WinCC flexible Smart 组态软件是专门针对西门子 HMI 触摸屏编程的软件，可对应西门子触摸屏 Smart 700 IE V3、Smart 1000 IE V3（适用于 S7-200 smart PLC）进行组态。

8.1　WinCC flexible Smart 组态软件的安装与启动

8.1.1　WinCC flexible Smart 组态软件的安装

WinCC flexible Smart 组态软件安装应满足一定的应用环境，要求计算机操作系统为 Windows 7 操作系统（32 位 /64 位），内存最小 1.5 GB，推荐 2 GB，最低要求 Pentium IV 或同等 1.6 GHz 的处理器，硬盘空闲存储空间安装一种语言时最低 2 GB，增加一种安装语言便需要增加 200 MB 存储空间。

安装 WinCC flexible Smart 组态软件，首先需要在西门子官方网站中下载软件安装程序"setup.exe"，如图 8-1 所示，或运行 WinCC flexible SMART 产品光盘中的"setup.exe"安装程序。

WinCC flexible Smart 组态软件安装程序

图 8-1　下载的 WinCC flexible Smart 组态软件安装程序压缩包文件

鼠标左键双击运行程序，开始安装，首先选择安装程序语言，根据对话框提示单击"下一步"开始安装，如图 8-2 所示。

图 8-2　WinCC flexible Smart 组态软件开始安装

在出现"欢迎"对话框中，根据对话框提示单击下一步，分别阅读产品的注意事项、阅读并接受许可证协议等，如图 8-3 所示。

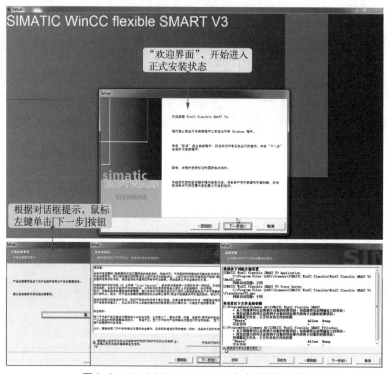

图 8-3　WinCC flexible Smart 组态软件的安装

根据安装向导，单击"下一步"即可开始安装程序，直至安装完成，如图 8-4 所示。

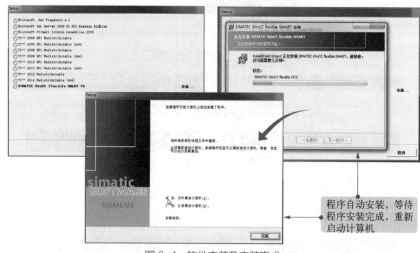

图 8-4　软件安装及安装完成

安装完成后，在计算机桌面上可看到 WinCC flexible Smart 组态软件图标。

8.1.2　WinCC flexible Smart 组态软件的启动

WinCC flexible Smart 组态软件用于设计西门子相关型号触摸屏画面和控制功能。使用时需要先将已安装好的 WinCC flexible Smart 启动运行。即在软件安装完成后，双击桌面上的 WinCC flexible Smart 图标或执行"开始"→"所有程序"→"Siemens Automation"→"SIMATIC"→"WinCC flexible SMART V3"命令，打开软件，进入编程环境，如图 8-5 所示。

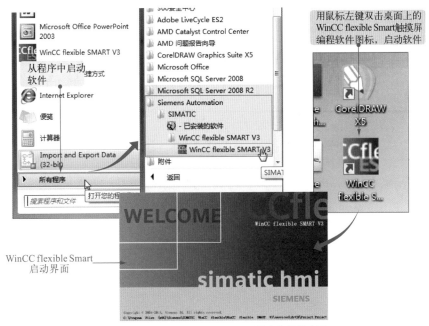

图 8-5　WinCC flexible Smart 组态软件的启动

8.2　WinCC flexible Smart 组态软件的画面结构

图 8-6 为 WinCC flexible Smart 组态软件的画面结构。可以看到，该软件的画面部分主要由菜单栏、工具栏、工作区、项目视图、属性视图、工具箱等部分构成。

8.2.1　菜单栏和工具栏

如图 8-7 所示，菜单栏和工具栏位于 WinCC flexible Smart 组态软件的上部。通过菜单栏和工具栏可以访问组态 HMI 设备所需的全部功能。编辑器处于激活状态时，会显示此编辑器专用的菜单命令和工具栏。当鼠标指针移到某个命令上时，将显示对应的工具提示。

图 8-6　WinCC flexible Smart 组态软件的画面结构

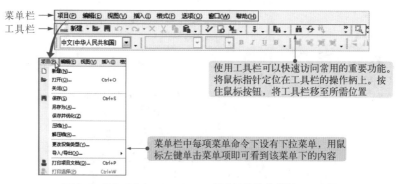

图 8-7　WinCC flexible Smart 组态软件的菜单栏和工具栏

8.2.2　工作区

工作区是 WinCC flexible Smart 组态软件画面的中心部分。每个编辑器在工作区域中以单独的选项卡控件形式打开，如图 8-8 所示。"画面"编辑器以单独的选项卡形式显示各个画面。同时打开多个编辑器时，只有一个选项卡处于激活状态。要选择一个不同的编辑器，在工作区单击相应选项卡即可。

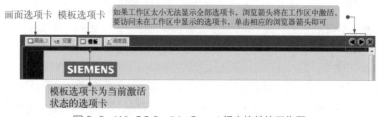

图 8-8　WinCC flexible Smart 组态软件的工作区

8.2.3 项目视图

项目视图位于 WinCC flexible Smart 组态软件的左侧区域，如图 8-9 所示，项目视图是项目编辑的中心控制点。项目视图显示了项目的所有组件和编辑器，并且可用于打开这些组件和编辑器。

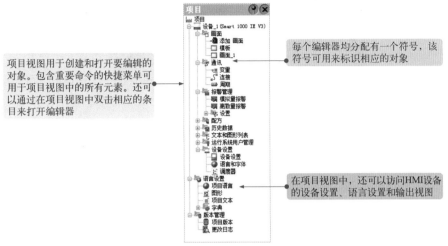

图 8-9　WinCC flexible Smart 组态软件的项目视图

8.2.4 属性视图

属性视图位于 WinCC flexible Smart 组态软件工作区的下方。属性视图用于编辑从工作区中选择的对象的属性，如图 8-10 所示。

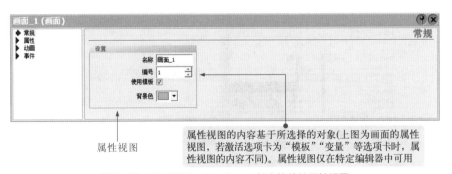

图 8-10　WinCC flexible Smart 组态软件的属性视图

8.2.5 工具箱

工具箱位于 WinCC flexible Smart 组态软件工作区的右侧区域，工具箱中含有可以添加到画面中的简单和复杂对象选项，用于在工作区编辑时添加各种元素，如图形对象或操作元素，如图 8-11 所示。

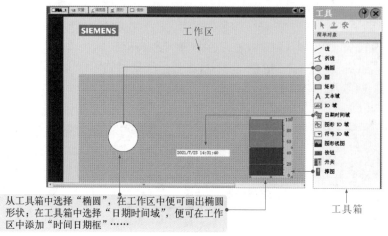

从工具箱中选择"椭圆",在工作区中便可画出椭圆形状;在工具箱中选择"日期时间域",便可在工作区中添加"时间日期框"……

图 8-11　WinCC flexible Smart 组态软件的工具箱

8.3　WinCC flexible Smart 组态软件的操作方法

8.3.1　新建项目

使用 WinCC flexible Smart 组态软件进行触摸屏画面组态,首先需要进行新建工程操作,即新项目的创建。

从"项目"菜单中选择"新建",随即显示"设备选择"对话框。选择相关设备,然后单击"确定"按钮关闭此对话框。在 WinCC flexible Smart 软件中创建并打开新项目,如图 8-12 所示。

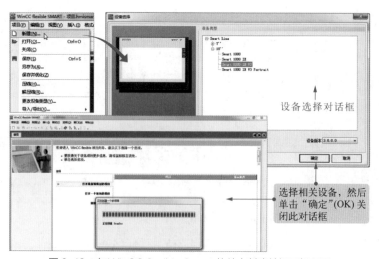

设备选择对话框

选择相关设备,然后单击"确定"(OK)关闭此对话框

图 8-12　在 WinCC flexible Smart 软件中创建并打开新项目

提示说明　WinCC flexible Smart 中仅可打开一个项目。如果已在 WinCC flexible Smart 中打开了一个项目，但必须再创建一个新项目时，系统会显示一则警告，询问用户是否保存当前项目。之后该项目将自动关闭。

8.3.2　保存项目

项目中所做的更改只有在保存后才能生效。保存项目后，所有更改均写入项目文件。项目文件以扩展名 *.hmi 存储在 Windows 文件管理器中。

在"项目"菜单中选择"保存"命令来保存项目，如图 8-13 所示，首次保存项目时，将打开另存为对话框。选择驱动器和目录，然后输入项目的名称。

8.3.3　打开项目

当需要编辑现有项目时，需执行打开项目文件操作，如图 8-14 所示，在"项目"菜单中选择"打开"命令，显示打开对话框，选择保存项目的路径，选择文件扩展名为 "*.hmi" 的项目，单击"打开"按钮。

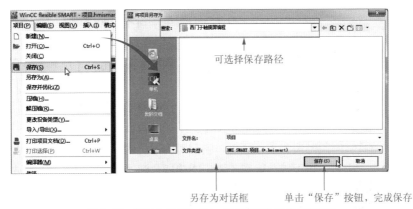

图 8-13　在 WinCC flexible SMART 软件中保存项目

图 8-14　在 WinCC flexible Smart 软件中打开项目

8.3.4　创建和添加画面

在 WinCC flexible Smart 组态软件中，可以创建画面，以便让操作员控制和监视机器设备和工厂。创建画面时，可使用预定义的对象实现过程可视化和设置过程值，一般在新建项目时即可创建一个画面。

添加画面是指在原有画面的基础上再添加另外的画面。即从项目视图中选择"画面"组，从其树形结构中选择"添加画面"，画面在项目中生成并出现在视图中，如图 8-15 所示。画面属性将显示在属性视图中。

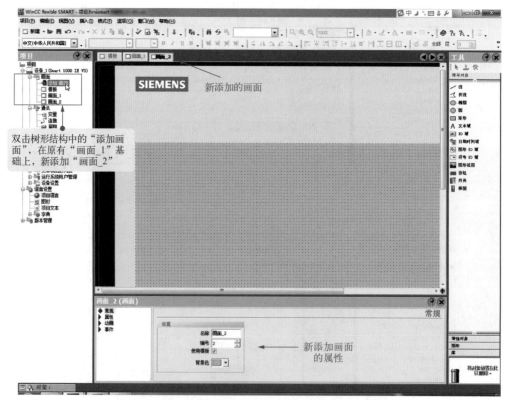

图 8-15　在 WinCC flexible Smart 软件中创建和添加画面

8.4 WinCC flexible Smart 组态软件的项目传送与通信

8.4.1 传送项目

传送项目操作是指将已编译的项目文件传送到要运行该项目的 HMI 设备上。在完成组态后，选择"项目"下拉菜单中的"编译器"→"生成"菜单命令，生成一个已编译的项目文件（用于验证项目的一致性），如图 8-16 所示。

将已编译的项目文件传送到 HMI 设备。选择"项目"下拉菜单中的"传送"→"传输"菜单命令，弹出"选择设备进行传送"对话框，单击传送按钮开始传送，如图 8-17 所示。

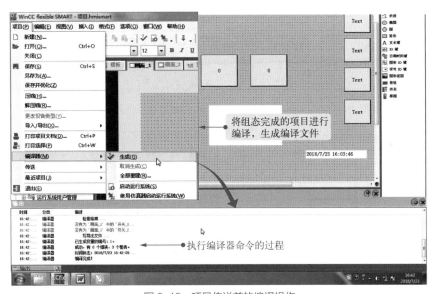

图 8-16　项目传送前的编译操作

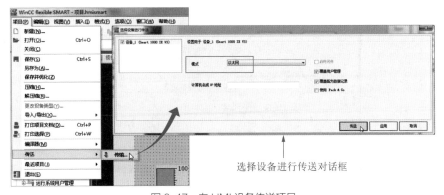

图 8-17　向 HMI 设备传送项目

HMI 设备必须处于"传送模式"才能进行传送操作。向操作员设备传送项目时，系统会检查组态的操作系统版本与 HMI 设备上的版本是否一致。如果系统发现版本不一致，则将中止传送，同时显示提醒消息。若 WinCC flexible Smart 项目中和 HMI 设备上的操作系统版本不同，应更新 HMI 设备上的操作系统。

完成项目传送后，相应的 HMI 设备上的运行系统将启动并显示起始画面。输出窗口将显示与传送过程对应的消息。如果未找到 *.pwx，并且在传送数据时收到一条错误消息，则应重新编译项目。

如果已选中"回传"复选框，则 *.pdz 文件已存储在 HMI 设备的外部存储器中。此文件包含项目的压缩源数据文件。

8.4.2　与 PLC 通信

WinCC flexible Smart 组态软件使用变量和区域指针控制 HMI 和 PLC 之间的通信。

在 WinCC flexible Smart 组态软件中，变量包括外部变量和内部变量。外部变量用于通信，代表 PLC 上已定义内存位置的映像。HMI 和 PLC 都可以对此存储位置进行读写访问。

图 8-18 为 WinCC flexible Smart 组态软件中的"变量"编辑器。

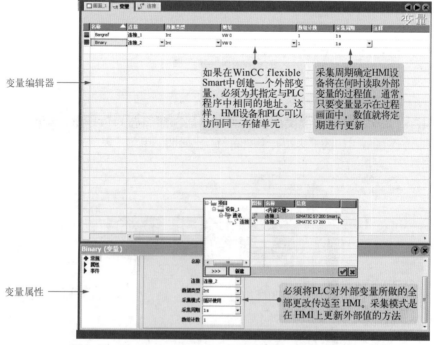

图 8-18　WinCC flexible Smart 组态软件中的"变量"编辑器

在组态中，创建指向特定 PLC 地址的变量。HMI 从已定义地址读取该值，然后将其显示出来。操作员还可以在 HMI 设备上输入值，以将其写入相关 PLC 地址。

8.4.3　与 PLC 连接

HMI 设备必须连接到 PLC 才支持操作和监视功能。HMI 和 PLC 之间的数据交换由连接的特定协议控制。每个连接都需要一个单独的协议。

在 WinCC flexible Smart 组态软件中，"连接"编辑器用于创建与 PLC 的连接。创建连接时，会为其分配基本组态，可以使用"连接"编辑器调整连接组态以满足项目要求。

图 8-19 为 WinCC flexible Smart 组态软件中的"连接"编辑器。

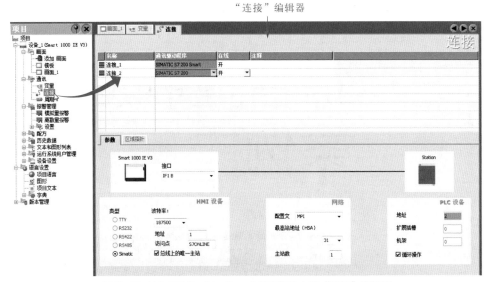

图 8-19　WinCC flexible Smart 组态软件中的"连接"编辑器

第 **9** 章

西门子 PLC 综合控制应用案例

9.1 西门子 PLC 在卧式车床中的应用

9.1.1 卧式车床 PLC 控制系统的结构

由西门子 PLC 构成的机电控制电路系统控制各种工业设备，如各种机床（车床、钻床、磨床、铣床、刨床）、数控设备等，用以实现工业上的切削、钻孔、打磨、传送等生产需求。该类电路主要由 PLC、机电设备的动力部件和机械部件等构成。

图 9-1 为典型机电设备 PLC 控制电路的结构示意图。

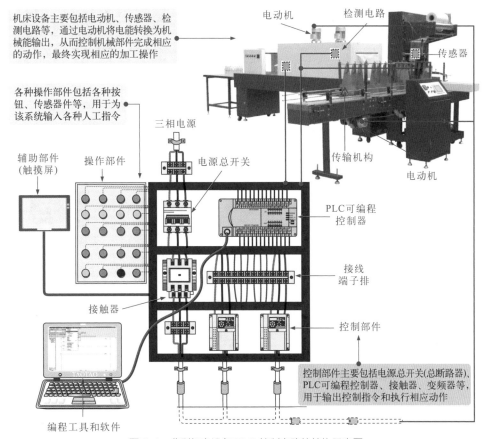

图 9-1　典型机电设备 PLC 控制电路的结构示意图

图 9-2 为 C650 型卧式车床的 PLC 控制电路的结构，该电路主要由操作部件（控制按钮、传感器等）、PLC、执行部件（继电器、接触器、电磁阀等）和机床构成。

9.1.2 卧式车床 PLC 控制系统的控制过程

从控制部件、PLC（内部梯形图程序）与执行部件的控制关系入手，逐一分析各组成部件的动作状态，即可弄清 C650 型卧式车床 PLC 控制电路的控制过程。

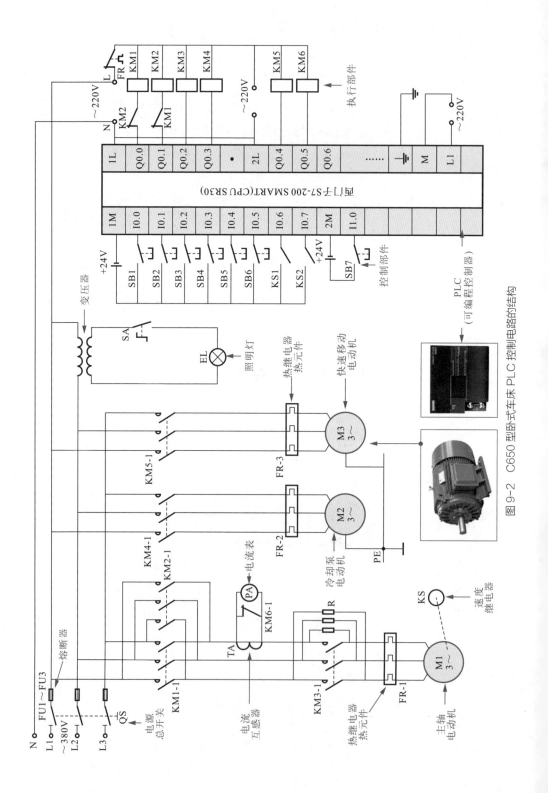

图9-2 C650型卧式车床PLC控制电路的结构

图 9-3、图 9-4 为 C650 型卧式车床 PLC 控制电路中主轴电动机启停及正转的控制过程。

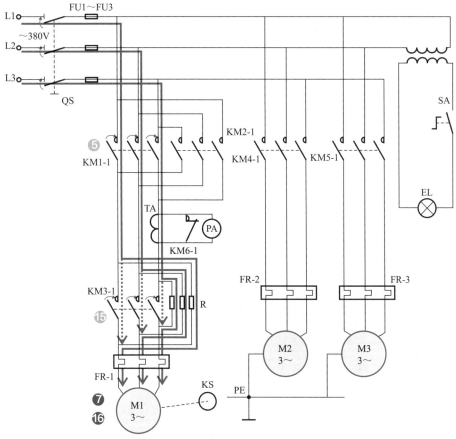

图 9-3　C650 型卧式车床 PLC 控制电路中主轴电动机启停及正转的控制过程（一）

【1】按下点动按钮 SB2，其常开触点闭合。

【2】PLC 程序中的输入继电器常开触点 I0.1 置 1，即常开触点 I0.1 闭合。

【3】PLC 程序中的输出继电器 Q0.0 线圈得电。

【4】PLC 外接主轴电动机 M1 的正转接触器 KM1 线圈得电。

【5】主电路中主触点 KM1-1 闭合，接通 M1 正转电源，M1 串接电阻器 R 后，正转启动。

【6】松开点动按钮 SB2，输入继电器的常开触点 I0.1 复位置 0。

【7】输出继电器 Q0.0 线圈失电，控制 PLC 外接主轴电动机 M1 的正转接触器 KM1 线圈失电释放，电动机 M1 停转（上述控制过程主轴电动机 M1 完成一次点动控制循环）。

【8】按下正转启动按钮 SB3，其常开触点闭合。

【9】将 PLC 程序中的输入继电器常开触点 I0.2 置 1。

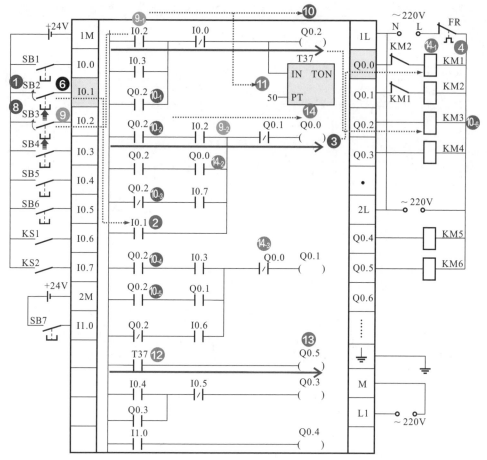

图 9-4 C650 型卧式车床 PLC 控制电路中主轴电动机启停及正转的控制过程（二）

【9₋₁】控制输出继电器 Q0.2 的常开触点 I0.2 闭合。

【9₋₂】控制输出继电器 Q0.0 的常开触点 I0.2 闭合。

【10】控制 PLC 程序中的输出继电器 Q0.2 线圈得电。

【10₋₁】自锁常开触点 Q0.2 闭合，实现自锁功能。

【10₋₂】控制输出继电器 Q0.0 的常开触点 Q0.2 闭合。

【10₋₃】控制输出继电器 Q0.0 的常闭触点 Q0.2 断开。

【10₋₄】控制输出继电器 Q0.1 的常开触点 Q0.2 闭合。

【10₋₅】控制输出继电器 Q0.1 的常闭触点 Q0.2 断开。

【10₋₆】PLC 输出接口外接的交流接触器 KM3 线圈得电，带动主电路中的主触点 KM3-1 闭合，短接电阻器 R。

【9₋₁】→【11】定时器 T37 线圈得电，开始 5s 计时。

【12】计时时间到，定时器延时闭合常开触点 T37 闭合。

【13】输出继电器 Q0.5 线圈得电，PLC 外接接触器 KM6 线圈得电吸合，带动主电

路中常闭触点断开，电流表 PA 投入使用。

【9-2】+【10-2】→【14】输出继电器 Q0.0 线圈得电。

【14-1】PLC 外接接触器 KM1 线圈得电吸合。

【14-2】自锁常开触点 Q0.0 闭合，实现自锁功能。

【14-3】控制输出继电器 Q0.1 的常闭触点 Q0.0 断开，实现互锁，防止 Q0.1 得电。

【14-1】+【10-6】→【15】主电路中主触点 KM3-1 闭合，电动机 M1 短接电阻器 R（将 R 短路），正转启动。

【16】主轴电动机 M1 反转启动运行的控制过程与上述过程大致相同，可参照上述分析进行了解，这里不再重复。

图 9-5、图 9-6 为 C650 型卧式车床 PLC 控制电路中主轴电动机反接制动的控制过程。

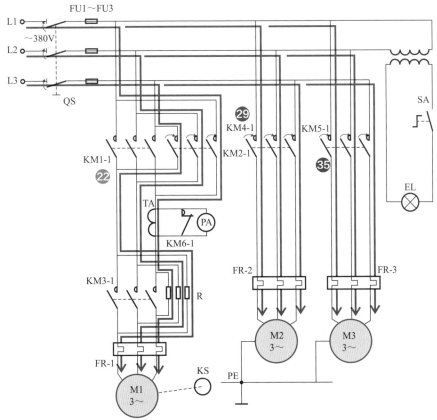

图 9-5　C650 型卧式车床 PLC 控制电路中主轴电动机反接制动的控制过程（一）

【17】主轴电动机正转启动，转速上升至 130 r/min 以上后，速度继电器的正转触点 KS1 闭合，将 PLC 程序中的输入继电器常开触点 I0.6 置 1，即常开触点 I0.6 闭合。

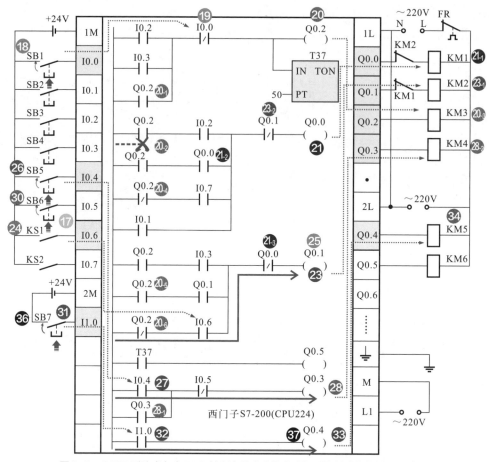

图 9-6　C650 型卧式车床 PLC 控制电路中主轴电动机反接制动的控制过程（二）

【18】按下停止按钮 SB1，其常闭触点断开。

【19】将 PLC 程序中输入继电器常闭触点 I0.0 置 0，即常闭触点 I0.0 断开。

【20】定时器线圈 T37 失电；同时，输出继电器 Q0.2 线圈失电。

　　【20-1】自锁常开触点 Q0.2 复位断开，解除自锁。

　　【20-2】控制输出继电器 Q0.0 中的常开触点 Q0.2 复位断开。

　　【20-3】PLC 输出接口外接的接触器 KM3 线圈失电释放。

　　【20-4】控制输出继电器 Q0.0 制动线路中的常闭触点 Q0.2 复位闭合。

　　【20-5】控制输出继电器 Q0.1 制动线路中的常开触点 Q0.2 复位断开。

　　【20-6】控制输出继电器 Q0.1 制动线路中的常闭触点 Q0.2 复位闭合。

【20-2】→【21】PLC 程序中输出继电器 Q0.0 线圈失电。

　　【21-1】PLC 外接接触器 KM1 线圈失电释放。

　　【21-2】自锁常开触点 Q0.0 复位断开，解除自锁。

【21_{-3}】控制输出继电器 Q0.1 的互锁常闭触点 Q0.0 闭合。

【21_{-1}】→【22】带动主电路中的主触点 KM1-1 复位断开。

【17】+【20_{-6}】+【21_{-3}】→【23】PLC 梯形图程序中，输出继电器 Q0.1 线圈得电。

【23_{-1}】控制 PLC 外接接触器 KM2 线圈得电，电动机 M1 串接电阻 R 进行反接启动。

【23_{-2}】控制输出继电器 Q0.0 的互锁常闭触点 Q0.1 断开，防止 Q0.0 得电。

【23_{-1}】→【24】当电动机转速下降至 130r/min 以下，速度继电器正转触点 KS1 断开，输入继电器常开触点 I0.6 复位置 0，即常开触点 I0.6 断开。

【25】输出继电器 Q0.1 线圈失电，PLC 输出接口外接的接触器 KM2 线圈失电释放，电动机 M1 停转，反接制动结束。

【26】按下冷却泵启动按钮 SB5，其常开触点闭合。

【27】PLC 程序中的输入继电器常开触点 I0.4 置 1，即常开触点 I0.4 闭合。

【28】输出继电器线圈 Q0.3 得电。

【28_{-1}】自锁常开触点 Q0.3 闭合，实现自锁功能。

【28_{-2}】PLC 外接的接触器 KM4 线圈得电吸合。

【28_{-2}】→【29】主触点 KM4-1 闭合，冷却泵电动机 M2 启动，提供冷却液。

【30】当需要冷却泵停止时，按下停止按钮 SB6，常闭触点 I0.5 断开，Q0.3 失电。自锁触点 Q0.3 复位断开；PLC 外接接触器 KM4 线圈失电，主触点 KM4-1 断开，冷却泵电动机 M2 停转。

【31】按下刀架快速移动点动按钮 SB7，其常开触点闭合。

【32】PLC 程序中的输入继电器常开触点 I1.0 置 1，即常开触点 I1.0 闭合。

【33】输出继电器线圈 Q0.4 得电。

【34】PLC 输出接口外接的接触器 KM5 线圈得电吸合。

【35】主触点 KM5-1 闭合，快速移动电动机 M3 启动，带动刀架快速移动。

【36】松开刀架快速移动点动按钮 SB7，输入继电器常开触点 I1.0 置 0，即常开触点 I1.0 断开。

【37】输出继电器线圈 Q0.4 失电，PLC 外接接触器 KM5 线圈失电释放，主电路中主触点断开，快速移动电动机 M3 停转。

9.2 西门子 PLC 在平面磨床中的应用

9.2.1 平面磨床 PLC 控制系统的结构

M7120 型平面磨床 PLC 控制电路主要由控制按钮、接触器、西门子 PLC、负载电动机、热继电器、电源总开关等部分构成，如图 9-7 所示。

表 9-1 为采用西门子 S7-200 SMART 型 PLC 的 M7120 型平面磨床控制电路 I/O 分配表。

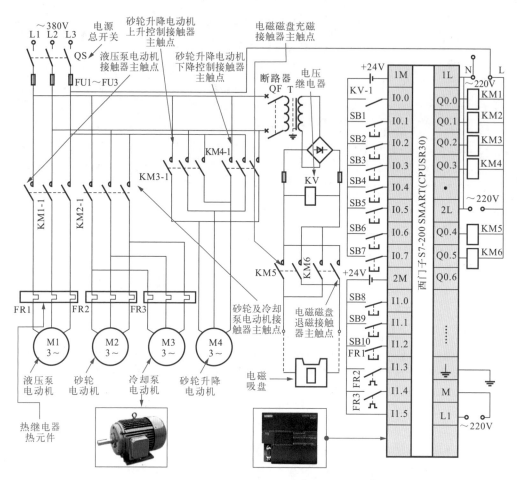

图 9-7　M7120 型平面磨床 PLC 控制电路的结构

表 9-1　采用西门子 S7-200 SMART 型 PLC 的 M7120 型平面磨床控制电路 I/O 分配表

输入信号及地址编号			输出信号及地址编号		
名称	代号	输入点地址编号	名称	代号	输出点地址编号
电压继电器	KV	I0.0	液压泵电动机 M1 接触器	KM1	Q0.0
总停止按钮	SB1	I0.1	砂轮及冷却泵电动机 M2和 M3 接触器	KM2	Q0.1
液压泵电动机 M1 停止按钮	SB2	I0.2	砂轮升降电动机 M4 上升控制接触器	KM3	Q0.2
液压泵电动机 M1 启动按钮	SB3	I0.3	砂轮升降电动机 M4 下降控制接触器	KM4	Q0.3
砂轮及冷却泵电动机停止按钮	SB4	I0.4	电磁吸盘充磁接触器	KM5	Q0.4

输入信号及地址编号			输出信号及地址编号		
名称	代号	输入点地址编号	名称	代号	输出点地址编号
砂轮及冷却泵电动机启动按钮	SB5	I0.5	电磁吸盘退磁接触器	KM6	Q0.5
砂轮升降电动机 M4 上升按钮	SB6	I0.6			
砂轮升降电动机 M4 下降按钮	SB7	I0.7			
电磁吸盘 YH 充磁按钮	SB8	I1.0			
电磁吸盘 YH 充磁停止按钮	SB9	I1.1			
电磁吸盘 YH 退磁按钮	SB10	I1.2			
液压泵电动机 M1 热继电器	FR1	I1.3			
砂轮电动机 M2 热继电器	FR2	I1.4			
冷却泵电动机 M3 热继电器	FR3	I1.5			

9.2.2 平面磨床 PLC 控制系统的控制过程

M7120 型平面磨床的具体控制过程，由 PLC 内编写的程序控制，图 9-8 为 M7120 型平面磨床 PLC 控制电路中的梯形图及语句表。

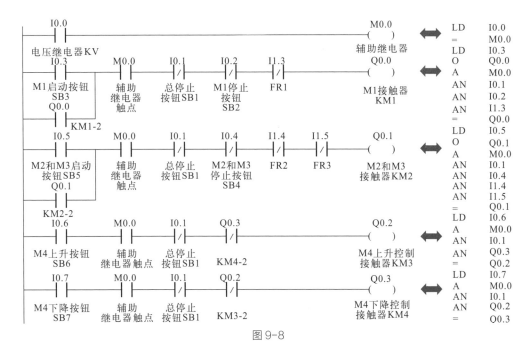

图 9-8

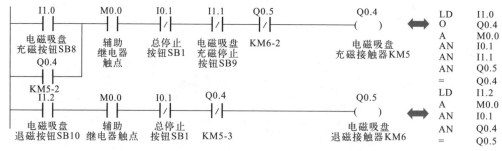

图9-8 M7120型平面磨床PLC控制电路中的梯形图及语句表

从控制部件、PLC（内部梯形图程序）与执行部件的控制关系入手，逐一分析各组成部件的动作状态，弄清M7120型平面磨床PLC控制电路的控制过程。

图9-9～图9-12为M7120型平面磨床PLC控制电路的工作过程。

平面磨床PLC
控制系统

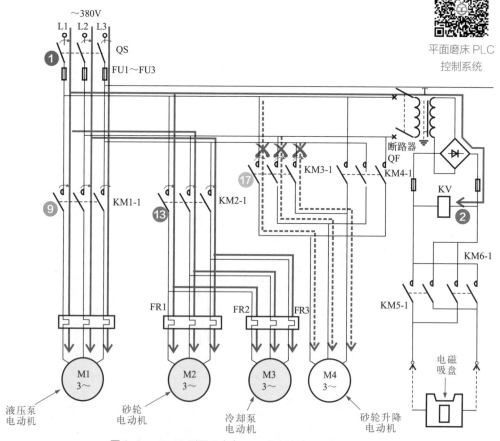

图9-9 M7120型平面磨床PLC控制电路的工作过程（一）

【1】闭合电源总开关QS和断路器QF。

【2】交流电压经控制变压器 T、桥式整流电路后加到电磁吸盘的充磁退磁电路，同时电压继电器 KV 线圈得电。

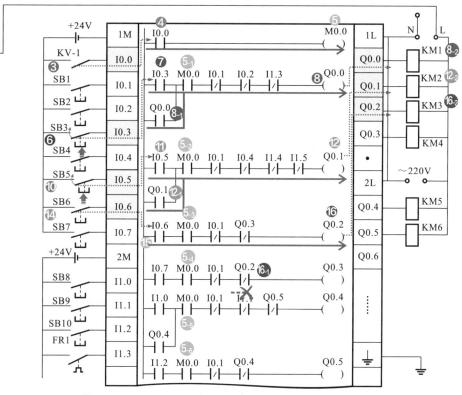

图 9-10 M7120 型平面磨床 PLC 控制电路的工作过程（二）

【3】电压继电器常开触点 KV-1 闭合。

【4】PLC 程序中的输入继电器常开触点 I0.0 置 1，即常开触点 I0.0 闭合。

【5】辅助继电器 M0.0 得电。

　　【5-1】控制输出继电器 Q0.0 的常开触点 M0.0 闭合，为其得电做好准备。

　　【5-2】控制输出继电器 Q0.1 的常开触点 M0.0 闭合，为其得电做好准备。

　　【5-3】控制输出继电器 Q0.2 的常开触点 M0.0 闭合，为其得电做好准备。

　　【5-4】控制输出继电器 Q0.3 的常开触点 M0.0 闭合，为其得电做好准备。

　　【5-5】控制输出继电器 Q0.4 的常开触点 M0.0 闭合，为其得电做好准备。

　　【5-6】控制输出继电器 Q0.5 的常开触点 M0.0 闭合，为其得电做好准备。

【6】按下液压泵电动机启动按钮 SB3。

【7】PLC 程序中的输入继电器常开触点 I0.3 置 1，即常开触点 I0.3 闭合。

【8】输出继电器 Q0.0 线圈得电。

　　【8-1】自锁常开触点 Q0.0 闭合，实现自锁功能。

【8₋₂】控制 PLC 外接液压泵电动机接触器 KM1 线圈得电吸合。

【8₋₂】→【9】主电路中的主触点 KM1-1 闭合，液压泵电动机 M1 启动运转。

【10】按下砂轮和冷却泵电动机启动按钮 SB5。

【11】将 PLC 程序中的输入继电器常开触点 I0.5 置 1，即常开触点 I0.5 闭合。

【12】输出继电器 Q0.1 线圈得电。

　　【12₋₁】自锁常开触点 Q0.1 闭合，实现自锁功能。

　　【12₋₂】控制 PLC 外接砂轮和冷却泵电动机接触器 KM2 线圈得电吸合。

【12₋₂】→【13】主电路中的主触点 KM2-1 闭合，砂轮和冷却泵电动机 M2、M3 同时启动运转。

【14】若需要对砂轮升降电动机 M4 进行点动控制时，可按下砂轮升降电动机上升启动按钮 SB6。

【15】PLC 程序中的输入继电器常开触点 I0.6 置 1，即常开触点 I0.6 闭合。

【16】输出继电器 Q0.2 线圈得电。

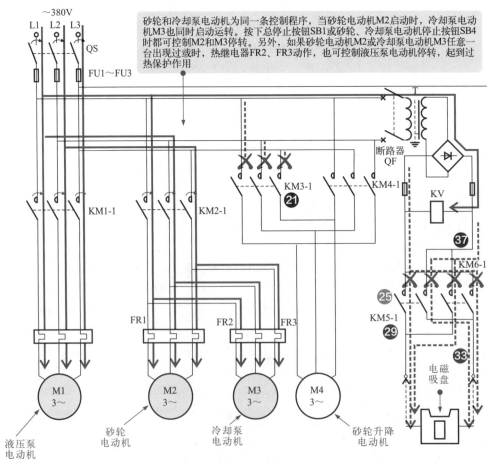

图 9-11　M7120 型平面磨床 PLC 控制电路的工作过程（三）

【16₋₁】控制输出继电器 Q0.3 的互锁常闭触点 Q0.2 断开，防止 Q0.3 得电。

【16₋₂】控制 PLC 外接砂轮升降电动机上升控制接触器 KM3 线圈得电吸合。

【16₋₂】→【17】主电路中主触点 KM3-1 闭合，接通砂轮升降电动机 M4 正向电源，砂轮电动机 M4 正向启动运转，砂轮上升。

【18】当砂轮上升到要求高度时，松开按钮 SB6。

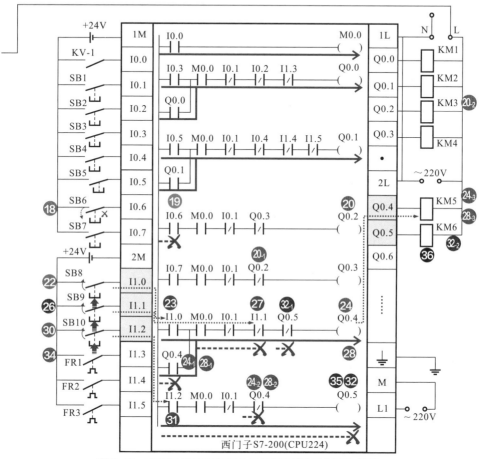

图 9-12 M7120 型平面磨床 PLC 控制电路的工作过程（四）

【19】将 PLC 程序中的输入继电器常开触点 I0.6 复位置 0，即常开触点 I0.6 断开。

【20】输出继电器 Q0.2 线圈失电。

【20₋₁】互锁常闭触点 Q0.2 复位闭合，为输出继电器 Q0.3 线圈得电做好准备。

【20₋₂】控制 PLC 外接砂轮升降电动机接触器 KM3 线圈失电释放。

【20₋₂】→【21】主电路中主触点 KM3-1 复位断开，切断砂轮升降电动机 M4 正向电源，砂轮升降电动机 M4 停转，砂轮停止上升。

液压泵停机过程与启动过程相似。按下总停止按钮 SB1 或液压泵停止按钮 SB2 都可控制液压泵电动机停转。另外，如果液压泵电动机 M1 过载，热继电器 FR1 动作，也可控制液压泵电动机停转，起到过热保护作用。

【22】按下电磁吸盘充磁按钮 SB8。

【23】PLC 程序中的输入继电器常开触点 I1.0 置 1，即常开触点 I1.0 闭合。

【24】输出继电器 Q0.4 线圈得电。

【24-1】自锁常开触点 Q0.4 闭合，实现自锁功能。

【24-2】控制输出继电器 Q0.5 的互锁常闭触点 Q0.4 断开，防止输出继电器 Q0.5 得电。

【24-3】控制 PLC 外接电磁吸盘充磁接触器 KM5 线圈得电吸合。

【24-3】→【25】带动主电路中主触点 KM5-1 闭合，形成供电回路，电磁吸盘 YH 开始充磁，使工件牢牢吸合。

【26】待工件加工完毕，按下电磁吸盘充磁停止按钮 SB9。

【27】PLC 程序中的输入继电器常闭触点 I1.1 置 0，即常闭触点 I1.1 断开。

【28】输出继电器 Q0.4 线圈失电。

【28-1】自锁常开触点 Q0.4 复位断开，解除自锁。

【28-2】互锁常闭触点 Q0.4 复位闭合，为 Q0.5 得电做好准备。

【28-3】控制 PLC 外接电磁吸盘充磁接触器 KM5 线圈失电释放。

【28-3】→【29】主电路中主触点 KM5-1 复位断开，切断供电回路，电磁吸盘停止充磁，但由于剩磁作用工件仍无法取下。

【30】为电磁吸盘进行退磁，按下电磁吸盘退磁按钮 SB10。

【31】将 PLC 程序中的输入继电器常开触点 I1.2 置 1，即常开触点 I1.2 闭合。

【32】输出继电器 Q0.5 线圈得电。

【32-1】控制输出继电器 Q0.4 的互锁常闭触点 Q0.5 断开，防止 Q0.4 得电。

【32-2】控制 PLC 外接电磁吸盘退磁接触器 KM6 线圈得电吸合。

【32-2】→【33】带动主电路中主触点 KM6-1 闭合，构成反向充磁回路，电磁吸盘开始退磁。

【34】退磁完毕后，松开按钮 SB10。

【35】输出继电器 Q0.5 线圈失电。

【36】接触器 KM6 线圈失电释放。

【37】主电路中主触点 KM6-1 复位断开，切断回路。电磁吸盘退磁完毕，此时即可取下工件。

9.3 西门子 PLC 在双头钻床中的应用

9.3.1 双头钻床 PLC 控制系统的结构

双头钻床是指用于对加工工件进行钻孔操作的工控机床设备，由 PLC 与外接电气部件配合完成对该设备双钻头的自动控制,实现自动钻孔功能。

图 9-13 为双头钻床 PLC 控制电路。

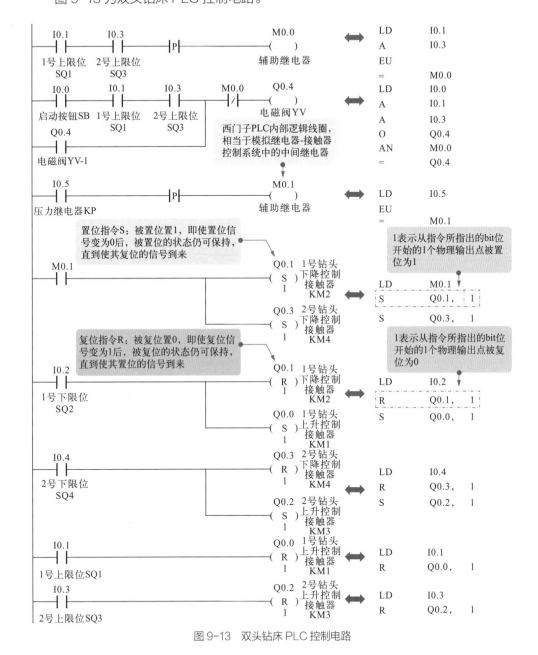

图 9-13 双头钻床 PLC 控制电路

表 9-2 为采用西门子 S7-200 SMART 型 PLC 的双头钻床控制电路 I/O 分配表。

表 9-2　采用西门子 S7-200 SMART 型 PLC 的双头钻床控制电路 I/O 分配表

输入信号及地址编号			输出信号及地址编号		
名称	代号	输入点地址编号	名称	代号	输出点地址编号
启动按钮	SB	I0.0	1 号钻头上升控制接触器	KM1	Q0.0
1 号钻头上限位开关	SQ1	I0.1	1 号钻头下降控制接触器	KM2	Q0.1
1 号钻头下限位开关	SQ2	I0.2	2 号钻头上升控制接触器	KM3	Q0.2
2 号钻头上限位开关	SQ3	I0.3	2 号钻头下降控制接触器	KM4	Q0.3
2 号钻头下限位开关	SQ4	I0.4	钻头夹紧控制电磁阀 YV	YV	Q0.4
压力继电器 KP	KP	I0.5			

9.3.2　双头钻床 PLC 控制系统的控制过程

从控制部件、PLC（内部梯形图程序）与执行部件的控制关系入手，逐一分析各组成部件的动作状态，弄清双头钻床 PLC 控制电路的控制过程。

图 9-14 ～图 9-16 为双头钻床 PLC 控制电路的工作过程。

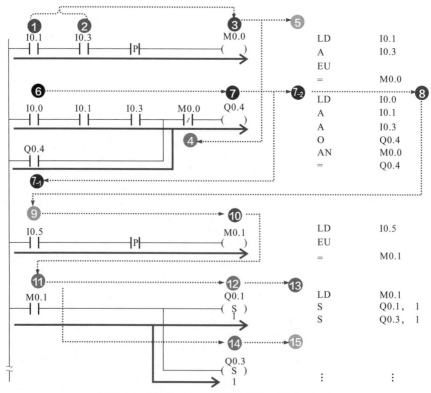

图 9-14　双头钻床 PLC 控制电路的工作过程（一）

【1】1号钻头位于原始位置，其上限位开关SQ1处于被触发状态，将PLC程序中的输入继电器常开触点I0.1置1，即常开触点I0.1闭合。

【2】2号钻头位于原始位置，其上限位开关SQ3处于被触发状态，将PLC程序中的输入继电器常开触点I0.3置1，即常开触点I0.3闭合。

【1】+【2】→【3】上升沿使辅助继电器M0.0线圈得电1个扫描周期。

【4】控制输出继电器Q0.4的常闭触点M0.0断开。

【3】→【5】在下一个扫描周期辅助继电器M0.0线圈失电，辅助继电器M0.0的常闭触点复位闭合。

【6】按下启动按钮SB，将PLC程序中的输入继电器常开触点I0.0置1，即常开触点I0.0闭合。

【1】+【2】+【5】+【6】→【7】输出继电器Q0.4线圈得电。

【7₋₁】自锁常开触点Q0.4闭合，实现自锁功能。

【7₋₂】控制PLC外接钻头夹紧控制电磁阀YV线圈得电。

【7₋₂】→【8】电磁阀YV主触点闭合，控制机床对工件进行夹紧。

【9】工件夹紧到达设定压力值后，压力继电器KP动作，输入继电器常开触点I0.5闭合。

【10】上升沿使辅助继电器M0.1线圈得电1个扫描周期。

【11】控制输出继电器Q0.1、Q0.3的常开触点M0.1闭合。

【11】→【12】输出继电器Q0.1置位并保持。

【13】PLC外接1号钻头下降接触器KM2得电，带动主触点闭合，1号钻头开始下降。

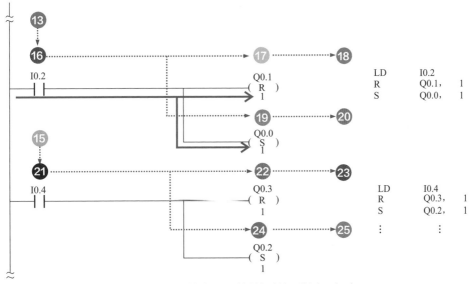

图9-15　双头钻床PLC控制电路的工作过程（二）

【11】→【14】输出继电器 Q0.3 置位并保持。

【15】PLC 外接 2 号钻头下降接触器 KM4 得电，带动主触点闭合，2 号钻头开始下降。

【13】→【16】1 号钻头下降到位，下限位开关 SQ2 动作，输入继电器常开触点 I0.2 闭合。

【16】→【17】输出继电器 Q0.1 复位。

【18】1 号钻头下降接触器 KM2 线圈失电，1 号钻头停止下降。

【16】→【19】输出继电器 Q0.0 置位并保持。

【20】1 号钻头上升接触器 KM1 线圈得电，1 号钻头开始上升。

【15】→【21】2 号钻头下降到位，下限位开关 SQ4 动作，输入继电器常开触点 I0.4 闭合。

【21】→【22】输出继电器 Q0.3 复位。

【23】2 号钻头下降接触器 KM4 线圈失电，2 号钻头停止下降。

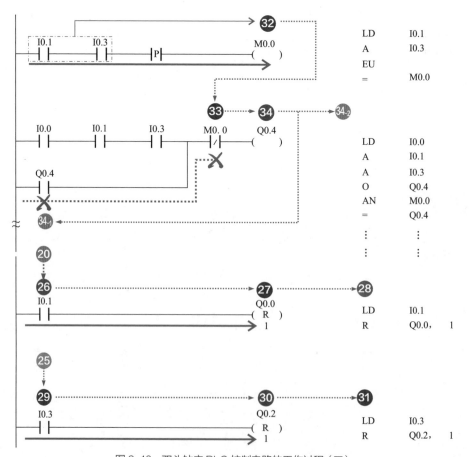

图 9-16　双头钻床 PLC 控制电路的工作过程（三）

【21】→【24】输出继电器 Q0.2 置位并保持。

【25】2 号钻头上升接触器 KM3 线圈得电，2 号钻头开始上升。

【20】→【26】1 号钻头上升到位，上限位开关 SQ1 动作，输入继电器常开触点 I0.1 闭合。

【27】输出继电器 Q0.0 复位。

【28】1 号钻头上升接触器 KM1 线圈失电，1 号钻头停止上升。

【25】→【29】2 号钻头上升到位，上限位开关 SQ3 动作，输入继电器常开触点 I0.3 闭合。

【30】输出继电器 Q0.2 复位。

【31】2 号钻头上升接触器 KM3 线圈失电，2 号钻头停止上升。

【26】+【29】→【32】I0.1 或 I0.3 的上升沿，使辅助继电器 M0.0 线圈得电 1 个扫描周期。

【33】辅助继电器常闭触点 M0.0 断开。

【34】输出继电器 Q0.4 线圈失电。

【34₁】自锁常开触点 Q0.4 复位断开，解除自锁。

【34₂】控制 PLC 外接电磁阀 YV 线圈失电，工件放松，钻床完成一次循环作业。

提示
说明

双头钻床的 PLC 梯形图和语句表的功能是实现对两个钻头同时开始工作、将工件夹紧（受夹紧压力继电器控制）、两个钻头同时向下运动，对工件进行钻孔加工，到达各自加工深度后（受下限位开关控制），自动返回至原始位置（受原始位置限位开关控制），释放工件完成一个加工过程的控制。

需要注意的是，两个钻头同时开始动作，但由于各自的加工深度不同，其停止和自动返回的时间也不同。

9.4 西门子 PLC 在汽车自动清洗电路中的应用

9.4.1 汽车自动清洗 PLC 控制电路的结构

汽车自动清洗系统是由可编程控制器（PLC）、喷淋器、刷子电动机、车辆检测器等部件组成的，当有汽车等待冲洗时，车辆检测器将检测信号送入 PLC，PLC 便会控制相应的清洗机电动机、喷淋器电磁阀以及刷子电动机动作，实现自动清洗、停止的控制。

图 9-17 为汽车自动清洗 PLC 控制电路。

控制部件和执行部件 I/O 分配表的连接分配，对应 PLC 内部程序的编程地址编号。表 9-3 为由西门子 S7-200 SMART 系列 PLC 控制汽车自动清洗控制电路的 I/O 分配表。

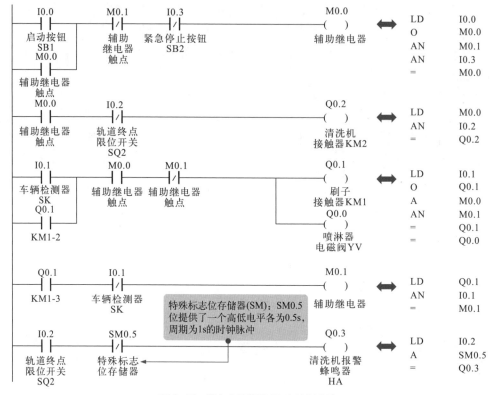

图 9-17　汽车自动清洗 PLC 控制电路

表 9-3　由西门子 S7-200 SMART 系列 PLC 控制汽车自动清洗控制电路的 I/O 分配表

输入信号及地址编号			输出信号及地址编号		
名称	代号	输入点地址编号	名称	代号	输出点地址编号
启动按钮	SB1	I0.0	喷淋器电磁阀	YV	Q0.0
车辆检测器	SK	I0.1	刷子接触器	KM1	Q0.1
轨道终点限位开关	SQ2	I0.2	清洗机接触器	KM2	Q0.2
紧急停止按钮	SB2	I0.3	清洗机报警蜂鸣器	HA	Q0.3

9.4.2　汽车自动清洗 PLC 控制电路的控制过程

从控制部件、梯形图程序与执行部件的控制关系入手，逐一分析各组成部件的动作状态，即可弄清汽车自动清洗 PLC 控制电路的控制过程。

图 9-18、图 9-19 为汽车自动清洗 PLC 控制电路的工作过程。

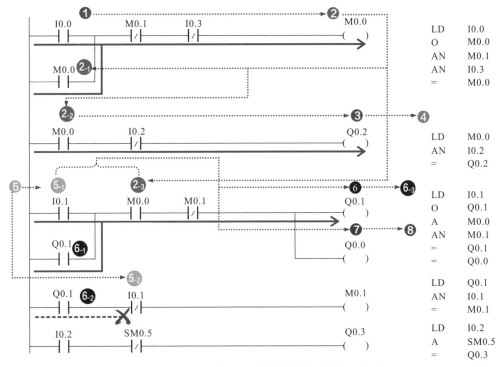

图 9-18　汽车自动清洗 PLC 控制电路的工作过程（一）

【1】按下启动按钮 SB1，将 PLC 程序中的输入继电器常开触点 I0.0 置 1，即常开触点 I0.0 闭合。

【2】辅助继电器 M0.0 线圈得电。

　　【2-1】自锁常开触点 M0.0 闭合，实现自锁功能。

　　【2-2】控制输出继电器 Q0.2 的常开触点 M0.0 闭合。

　　【2-3】控制输出继电器 Q0.1、Q0.0 的常开触点 M0.0 闭合。

【2-2】→【3】输出继电器 Q0.2 线圈得电。

【4】控制 PLC 外接接触器 KM2 线圈得电，带动主电路中的主触点闭合，接通清洗机电动机电源，清洗机电动机开始运转，并带动清洗机沿导轨移动。

【5】当车辆检测器 SK 检测到有待清洗的汽车时，SK 闭合，将 PLC 程序中的输入继电器常开触点 I0.1 置 1，常闭触点 I0.1 置 0。

　　【5-1】常开触点 I0.1 闭合。

　　【5-2】常闭触点 I0.1 断开。

【2-3】+【5-1】→【6】输出继电器 Q0.1 线圈得电。

　　【6-1】自锁常开触点 Q0.1 闭合，实现自锁功能。

　　【6-2】控制辅助继电器 M0.1 的常开触点 Q0.1 闭合。

　　【6-3】控制 PLC 外接接触器 KM1 线圈得电，带动主电路中的主触点闭合，

接通刷子电动机电源，刷子电动机开始运转，并带动刷子进行刷洗操作。

【2.₃】+【5.₁】→【7】输出继电器 Q0.0 线圈得电。

【8】控制 PLC 外接喷淋器电磁阀 YV 线圈得电，打开喷淋器电磁阀，进行喷水操作，这样清洗机一边移动，一边进行清洗操作。

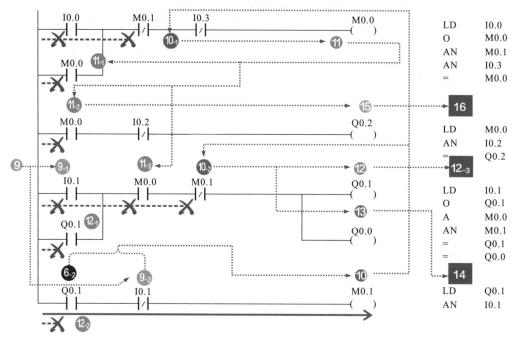

图 9-19　汽车自动清洗 PLC 控制电路的工作过程（二）

【9】汽车清洗完成后，汽车移出清洗机，车辆检测器 SK 检测到没有待清洗的汽车时，SK 复位断开，PLC 程序中的输入继电器常开触点 I0.1 复位置 0，常闭触点 I0.1 复位置 1。

　　　　　【9.₁】常开触点 I0.1 复位断开。

　　　　　【9.₂】常闭触点 I0.1 复位闭合。

【6.₂】+【9.₂】→【10】辅助继电器 M0.1 线圈得电。

　　　　　【10.₁】控制辅助继电器 M0.0 的常闭触点 M0.1 断开。

　　　　　【10.₂】控制输出继电器 Q0.1、Q0.0 的常闭触点 M0.1 断开。

【10.₁】→【11】辅助继电器 M0.0 失电。

　　　　　【11.₁】自锁常开触点 M0.0 复位断开。

　　　　　【11.₂】控制输出继电器 Q0.2 的常开触点 M0.0 复位断开。

　　　　　【11.₃】控制输出继电器 Q0.1、Q0.0 的常开触点 M0.0 复位断开。

【10.₂】→【12】输出继电器 Q0.1 线圈失电。

　　　　　【12.₁】自锁常开触点 Q0.1 复位断开。

【12-2】控制辅助继电器 M0.1 的常开触点 Q0.1 复位断开。

【12-3】控制 PLC 外接接触器 KM1 线圈失电，带动主电路中的主触点复位断开，切断刷子电动机电源，刷子电动机停止运转，刷子停止刷洗操作。

【10-2】→【13】输出继电器 Q0.0 线圈失电。

【14】控制 PLC 外接喷淋器电磁阀 YV 线圈失电，喷淋器电磁阀关闭，停止喷水操作。

【11-2】→【15】输出继电器 Q0.2 线圈失电。

【16】控制 PLC 外接接触器 KM2 线圈失电，带动主电路中的主触点复位断开，切断清洗机电动机电源，清洗机电动机停止运转，清洗机停止移动。

若汽车在清洗过程中碰到轨道终点限位开关 SQ2，SQ2 闭合，将 PLC 程序中的输入继电器常闭触点 I0.2 置 0，常开触点 I0.2 置 1，常闭触点 I0.2 断开，常开触点 I0.2 闭合。输出继电器 Q0.2 线圈失电，控制 PLC 外接接触器 KM2 线圈失电，带动主电路中的主触点复位断开，切断清洗机电动机电源，清洗机电动机停止运转，清洗机停止移动。1s 脉冲发生器 SM0.5 动作，输出继电器 Q0.3 间断接通，控制 PLC 外接蜂鸣器 HA 间断发出报警信号。

第 **10** 章

三菱 PLC 综合控制应用案例

10.1 三菱 PLC 在电动葫芦控制系统中的应用

10.1.1 电动葫芦 PLC 控制电路的结构

电动葫芦是起重运输机械的一种，主要用来提升或下降、平移重物，图 10-1 为其 PLC 控制电路的结构，可以看到，该电路主要由三菱 FX 系列 PLC、按钮开关、行程开关、交流接触器、交流电动机等构成。

电动葫芦的
PLC 控制电路

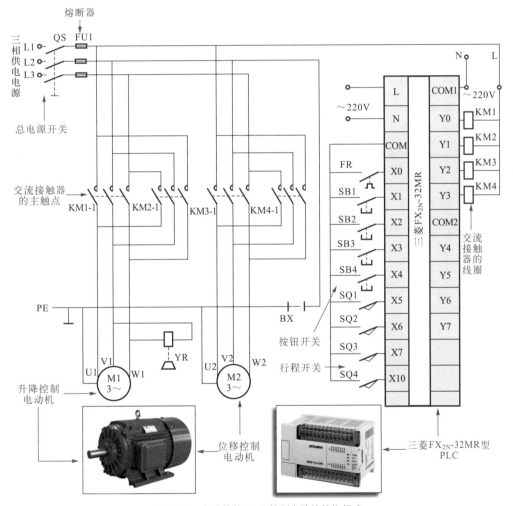

图 10-1　电动葫芦 PLC 控制电路的结构组成

整个电路主要由 PLC、与 PLC 输入接口连接的控制部件（SB1 ~ SB4、SQ1 ~ SQ4）、与 PLC 输出接口连接的执行部件（KM1 ~ KM4）等构成。

在该电路中，PLC 控制器采用的是三菱 FX$_{2N}$-32MR 型 PLC，外部的控制部件和执行部件都是通过 PLC 控制器预留的 I/O 接口连接到 PLC 上的，各部件之间没有复杂的连接关系。

PLC 输入接口外接的按钮开关、行程开关等控制部件和交流接触器线圈（即执行部件）分别连接到 PLC 相应的 I/O 接口上，它是根据 PLC 控制系统设计之初建立的 I/O 分配表进行连接分配的，其所连接的接口名称也将对应于 PLC 内部程序的编程地址编号。

表 10-1 为采用三菱 FX$_{2N}$-32MR 型 PLC 的电动葫芦控制电路 I/O 分配表。

表 10-1 采用三菱 FX$_{2N}$-32MR 型 PLC 的电动葫芦控制电路 I/O 分配表

输入信号及地址编号			输出信号及地址编号		
名称	代号	输入点地址编号	名称	代号	输出点地址编号
电动葫芦上升点动按钮	SB1	X1	电动葫芦上升接触器	KM1	Y0
电动葫芦下降点动按钮	SB2	X2	电动葫芦下降接触器	KM2	Y1
电动葫芦左移点动按钮	SB3	X3	电动葫芦左移接触器	KM3	Y2
电动葫芦右移点动按钮	SB4	X4	电动葫芦右移接触器	KM4	Y3
电动葫芦上升限位开关	SQ1	X5			
电动葫芦下降限位开关	SQ2	X6			
电动葫芦左移限位开关	SQ3	X7			
电动葫芦右移限位开关	SQ4	X10			

电动葫芦的具体控制过程，由 PLC 内编写的程序决定。为了方便了解，我们在梯形图各编程元件下方标注了其对应在传统控制系统中相应的按钮、交流接触器的触点、线圈等字母标识。

图 10-2 为电动葫芦 PLC 控制电路中 PLC 内部梯形图程序。

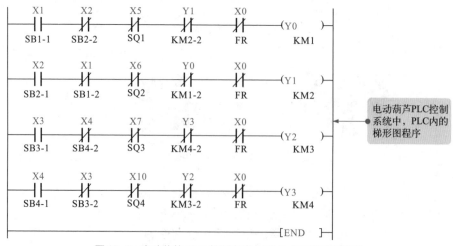

图 10-2 电动葫芦 PLC 控制电路中 PLC 内部梯形图程序

10.1.2 电动葫芦 PLC 控制电路的控制过程

将 PLC 内部梯形图与外部电气部件控制关系结合，分析电动葫芦 PLC 控制电路。图 10-3、图 10-4 为在三菱 PLC 控制下电动葫芦的工作过程。

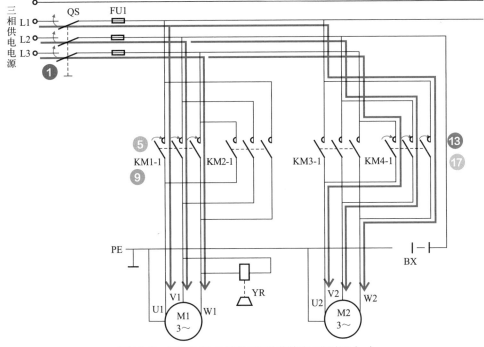

图 10-3　在三菱 PLC 控制下电动葫芦的工作过程（一）

【1】闭合电源总开关 QS，接通三相电源。

【2】按下上升点动按钮 SB1，其常开触点闭合。

【3】将 PLC 程序中输入继电器 X1 置"1"。

　　　【3-1】控制输出继电器 Y0 的常开触点 X1 闭合。

　　　【3-2】控制输出继电器 Y1 的常闭触点 X1 断开，实现输入继电器互锁。

【3-1】→【4】输出继电器 Y0 线圈得电。

　　　【4-1】常闭触点 Y0 断开，实现互锁，防止输出继电器 Y1 线圈得电。

　　　【4-2】控制 PLC 外接交流接触器 KM1 线圈得电。

【4-1】→【5】带动主电路中的常开主触 KM1-1 点闭合，接通升降电动机正向电源，电动机正向启动运转，开始提升重物。

【6】当电动机上升到限位开关 SQ1 位置时，限位开关 SQ1 动作。

【7】将 PLC 程序中输入继电器常闭触点 X5 置"1"，即常闭触点 X5 断开。

【8】输出继电器 Y0 失电。

　　　【8-1】控制 Y1 线路中的常闭触点 Y0 复位闭合，解除互锁，为输出继电器

Y1 得电做好准备。

【8₋₂】控制 PLC 外接交流接触器线圈 KM1 失电。

【8₋₂】→【9】带动主电路中的常开主触点 KM1-1 断开，断开升降电动机正向电源，电动机停转，停止提升重物。

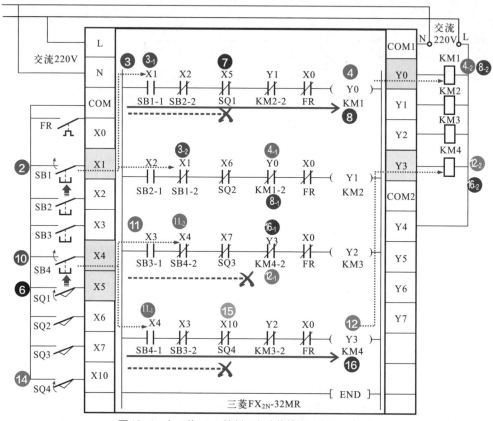

图 10-4　在三菱 PLC 控制下电动葫芦的工作过程（二）

【10】按下右移点动按钮 SB4。

【11】将 PLC 程序中输入继电器 X4 置"1"。

　　【11₋₁】控制输出继电器 Y3 的常开触点 X4 闭合。

　　【11₋₂】控制输出继电器 Y2 的常闭触点 X4 断开，实现输入继电器互锁。

【11₋₁】→【12】输出继电器 Y3 线圈得电。

　　【12₋₁】常闭触点 Y3 断开，实现互锁，防止输出继电器 Y2 线圈得电。

　　【12₋₂】控制 PLC 外接交流接触器 KM4 线圈得电。

【12₋₂】→【13】带动主电路中的常开主触点 KM4-1 闭合，接通位移电动机正向电源，电动机正向启动运转，开始带动重物向右平移。

【14】当电动机右移到限位开关 SQ4 位置时，限位开关 SQ4 动作。

【15】将 PLC 程序中输入继电器常闭触点 X10 置"1"，即常闭触点 X10 断开。

【16】输出继电器 Y3 线圈失电。

　　【16₋₁】控制输出继电器 Y2 的常闭触点 Y3 复位闭合，解除互锁，为输出继电器 Y2 得电做好准备。

　　【16₋₂】控制 PLC 外接交流接触器 KM4 线圈失电。

【16₋₂】→【17】带动常开主触点 KM4-1 断开，断开位移电动机正向电源，电动机停转，停止平移重物。

10.2　三菱 PLC 在混凝土搅拌机控制系统中的应用

10.2.1　混凝土搅拌机 PLC 控制电路的结构

　　混凝土搅拌机用于将一些沙石料进行搅拌加工，变成工程建筑物所用的混凝土。混凝土搅拌机的 PLC 控制电路如图 10-5 所示，可以看到，该电路主要由三菱系列 PLC、控制按钮、交流接触器、搅拌机电动机、热继电器等部分构成。

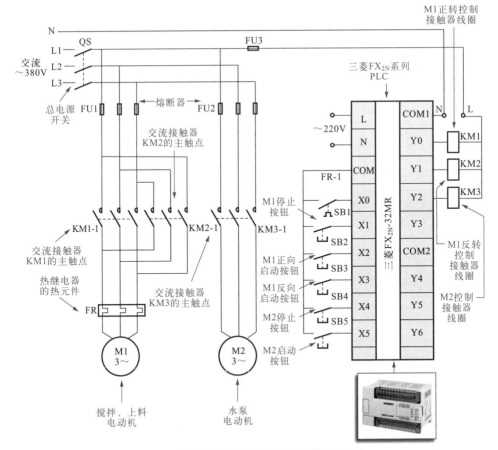

图 10-5　混凝土搅拌机 PLC 控制电路的结构组成

在该电路中，PLC 控制器采用的是三菱 FX$_{2N}$-32MR 型 PLC，外部的控制部件和执行部件都是通过 PLC 控制器预留的 I/O 接口连接到 PLC 上的，各部件之间没有复杂的连接关系。

PLC 输入接口外接的按钮开关、行程开关等控制部件和交流接触器线圈（即执行部件）分别连接到 PLC 相应的 I/O 接口上，它是根据 PLC 控制系统设计之初建立的 I/O 分配表进行连接分配的，其所连接的接口名称也将对应于 PLC 内部程序的编程地址编号。

表 10-2 为由三菱 FX$_{2N}$-32MR 型 PLC 控制的混凝土搅拌机控制系统 I/O 分配表。

表 10-2　由三菱 FX$_{2N}$-32MR 型 PLC 控制的混凝土搅拌机控制系统 I/O 分配表

输入信号及地址编号			输出信号及地址编号		
名称	代号	输入点地址编号	名称	代号	输出点地址编号
热继电器	FR	X0	搅拌、上料电动机 M1 正向转动接触器	KM1	Y0
搅拌、上料电动机 M1 停止按钮	SB1	X1	搅拌、上料电动机 M1 反向转动接触器	KM2	Y1
搅拌、上料电动机 M1 正向启动按钮	SB2	X2	水泵电动机 M2 接触器	KM3	Y2
搅拌、上料电动机 M1 反向启动按钮	SB3	X3			
水泵电动机 M2 停止按钮	SB4	X4			
水泵电动机 M2 启动按钮	SB5	X5			

混凝土搅拌机的具体控制过程，由 PLC 内编写的程序决定。为了方便了解，我们在梯形图各编程元件下方标注了其对应在传统控制系统中相应的按钮、交流接触器的触点、线圈等字母标识。

图 10-6 为混凝土搅拌机 PLC 控制电路中 PLC 内部梯形图程序。

10.2.2　混凝土搅拌机 PLC 控制电路的控制过程

将 PLC 输入设备的动作状态与梯形图程序结合，了解 PLC 外接输出设备与电动机主电路之间的控制关系，了解混凝土搅拌机的具体控制过程。

图 10-7、图 10-8 为在三菱 PLC 控制下混凝土搅拌机的工作过程。

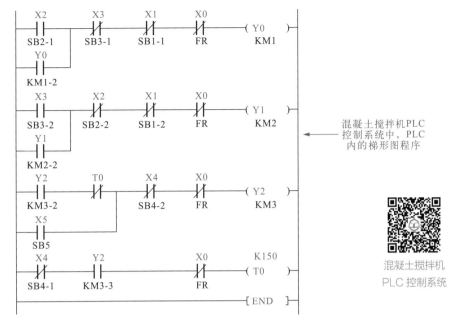

图 10-6　混凝土搅拌机 PLC 控制电路中 PLC 内部梯形图程序

混凝土搅拌机PLC
控制系统中，PLC
内的梯形图程序

混凝土搅拌机
PLC 控制系统

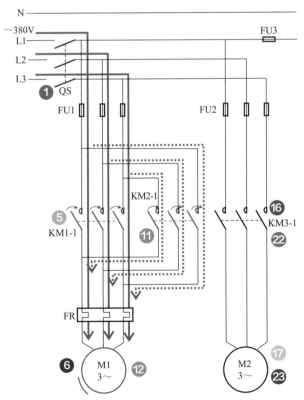

图 10-7　在三菱 PLC 控制下混凝土搅拌机的工作过程（一）

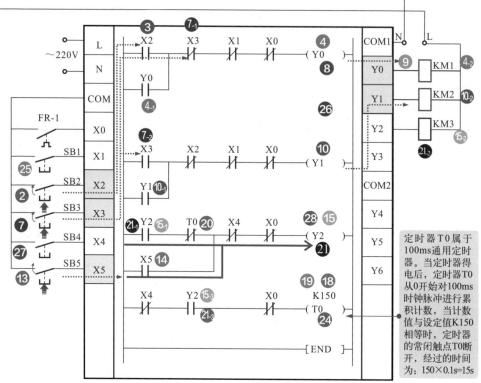

图 10-8　在三菱 PLC 控制下混凝土搅拌机的工作过程（二）

【1】合上电源总开关 QS，接通三相电源。

【2】按下正向启动按钮 SB2，其触点闭合。

【3】将 PLC 内 X2 的常开触点置 "1"，即该触点闭合。

【4】PLC 内输出继电器 Y0 线圈得电。

　　【4-1】输出继电器 Y0 的常开自锁触点 Y0 闭合自锁，确保在松开正向启动按钮 SB2 时，Y0 仍保持得电。

　　【4-2】控制 PLC 输出接口外接交流接触器 KM1 线圈得电。

【4-2】→【5】带动主电路中交流接触器 KM1 的主触点 KM1-1 闭合。

【6】此时电动机接通的相序为 L1、L2、L3，电动机 M1 正向启动运转。

【7】当需要电动机反向运转时，按下反向启动按钮 SB3，其触点闭合。

　　【7-1】将 PLC 内 X3 的常闭触点置 "1"，即该触点断开；

　　【7-2】将 PLC 内 X3 的常开触点置 "1"，即该触点闭合。

【7-1】→【8】PLC 内输出继电器 Y0 线圈失电。

【9】KM1 线圈失电，其触点全部复位。

【7-2】→【10】PLC 内输出继电器 Y1 线圈得电。

　　【10-1】输出继电器 Y1 的常开自锁触点 Y1 闭合自锁，确保松开正向启动按钮 SB3 时，Y1 仍保持得电。

【10-2】控制 PLC 输出接口外接交流接触器 KM2 线圈得电。

【10-2】→【11】带动主电路中交流接触器 KM2 的主触点 KM2-1 闭合。

【12】此时电动机接通的相序为 L3、L2、L1，电动机 M1 反向启动运转。

【13】按下电动机 M2 启动按钮 SB5，其触点闭合。

【14】将 PLC 内 X5 的常开触点置"1"，即该触点闭合。

【15】PLC 内输出继电器 Y2 线圈得电。

　　　【15-1】输出继电器 Y2 的常开自锁触点 Y2 闭合自锁，确保松开启动按钮 SB5 时，Y2 仍保持得电。

　　　【15-2】控制 PLC 输出接口外接交流接触器 KM3 线圈得电。

　　　【15-3】控制时间继电器 T0 的常开触点 Y2 闭合。

【15-2】→【16】带动主电路中交流接触器 KM3 的主触点 KM3-1 闭合。

【17】此时电动机 M2 接通三相电源，电动机 M2 启动运转，开始注水。

【15-3】→【18】时间继电器 T0 线圈得电。

【19】定时器开始为注水时间计时，计时 15s 后，定时器计时时间到。

【20】定时器控制输出继电器 Y2 的常闭触点断开。

【21】PLC 内输出继电器 Y2 线圈失电。

　　　【21-1】输出继电器 Y2 的常开自锁触点 Y2 复位断开，解除自锁控制，为下一次启动做好准备。

　　　【21-2】控制 PLC 输出接口外接交流接触器 KM3 线圈失电。

　　　【21-3】控制时间继电器 T0 的常开触点 Y2 复位断开。

【21-2】→【22】交流接触器 KM3 的主触点 KM3-1 复位断开。

【23】水泵电动机 M2 失电，停转，停止注水操作。

【21-3】→【24】时间继电器 T0 线圈失电，时间继电器所有触点复位，为下一次计时做好准备。

【25】当按下搅拌、上料停机键 SB1 时，其将 PLC 内的 X1 置"1"，即该触点断开。

【26】输出继电器线圈 Y0 或 Y1 失电，同时常开触点复位断开，PLC 外接交流接触器线圈 KM1 或 KM2 失电，主电路中的主触点复位断开，切断电动机 M1 电源，电动机 M1 停止正向或反向运转。

【27】当按下水泵停止按钮 SB4 时，其将 PLC 内的 X4 置"1"，即该触点断开。

【28】输出继电器线圈 Y2 失电，同时其常开触点复位断开，PLC 外接交流接触器线圈 KM3 失电，主电路中的主触点复位断开，切断水泵电动机 M2 电源，停止对滚筒内部进行注水。同时定时器 T0 失电复位。

10.3　三菱 PLC 在自动滑台机床控制系统中的应用

　　自动滑台机床是一种组合机床设备。由 PLC、变频器与触摸屏综合控制的自动滑台机床主要实现工作台分别实现工进、横退、纵退、横向进给四个操作，并自动连续循环这四个操作。

10.3.1 自动滑台机床 PLC 控制电路的结构

图 10-9 为自动滑台机床 PLC、变频器与触摸屏综合控制系统的结构。

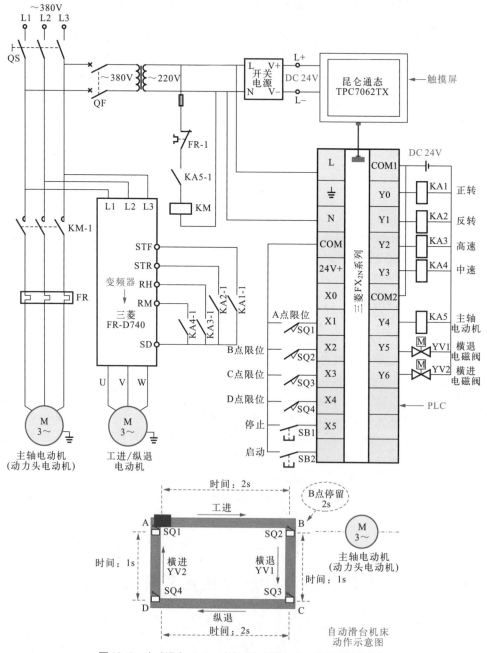

图 10-9　自动滑台 PLC、变频器与触摸屏综合控制系统的结构

图 10-9 所示电路中，当自动滑台机床的滑台在 A 点（原始位置）时，按下启动按钮，工进电动机以 35Hz 正转运行，进行切削加工，同时由接触器 KM 控制的主轴电动机（动力头电动机）启动。2s 后滑台到达 B 点，SQ2 动作，工进结束，工进电动机停止，同时主轴电动机（动力头电动机）停止工作。滑台停止 2s 后，横退电磁阀 YV1 得电，滑台横向退刀，1s 后，滑台到达 C 点，SQ3 被压合，电磁阀 YV1 失电，横退结束。接着，纵退电动机以 45Hz 反转运行，滑台纵向退刀。2s 后，滑台退到 D 点，SQ4 被压合，纵向退刀结束，滑台横进电磁阀 YV2 得点，1s 后，滑台横向进给到 A 点（原点），当碰到 SQ1 时，SQ1 被压合，YV2 失电，完成一次循环，自动进入下一次循环，连续运行。

按下停止按钮，滑台停止，根据加工工艺要求，滑台回到原点，压合 SQ1 后停止；当需要再次启动时，按下启动按钮，重新开始循环连续运行。

图 10-10 为自动机械滑台 PLC、变频器与触摸屏综合控制系统的接线图。

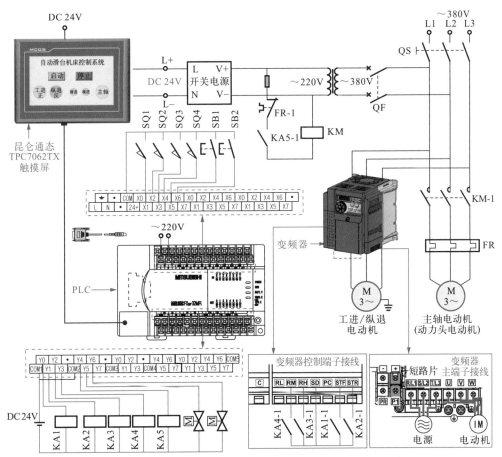

图 10-10　自动机械滑台 PLC、变频器与触摸屏综合控制系统的接线图

三菱 FR-D740 变频器参数设置：Pr.7（加速时间）=2s，Pr.8（减速时间）=1s。Pr.4（高速）=45Hz，Pr.5（中速）=35Hz

（1）触摸屏画面各元件对应的 PLC 地址及触摸屏编程

根据控制系统需求，设计触摸屏画面。本案例采用的触摸屏为昆仑通态 TPC7062TX 型，根据触摸屏型号选择相应的组态软件进行画面设计，如图 10-11 所示，并为触摸屏上各元件分配对应的 PLC 地址。

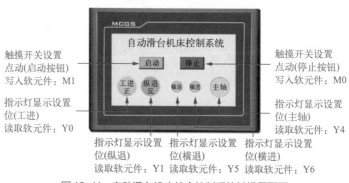

图 10-11　自动滑台机床综合控制系统触摸屏画面

（2）PLC 的 I/O 分配表和梯形图 PLC 程序

表 10-3 为自动滑台机床 PLC、变频器与触摸屏综合控制系统的 I/O 分配表。

表 10-3　自动滑台机床 PLC、变频器与触摸屏综合控制系统的 I/O 分配表

输入信号及地址编号			输出信号及地址编号		
名称	代号	输入地址编号	名称	代号	输出地址编号
停止按钮	SB1	X5	工进正转继电器	KA1	Y0
启动按钮	SB2	X6	纵退反转继电器	KA2	Y1
A 点限位开关	SQ1	X1	反转高速控制继电器	KA3	Y2
B 点限位开关	SQ2	X2	正转中速控制继电器	KA4	Y3
C 点限位开关	SQ3	X3	主轴电动机继电器	KA5	Y4
D 点限位开关	SQ4	X4	横退电磁阀	YV1	Y5
触摸屏上的停止按钮		M0	横进电磁阀	YV2	Y6
触摸屏上的启动按钮		M1	触摸屏上的工进正转指示灯		Y0
			触摸屏上的纵退反转指示灯		Y1
			触摸屏上的横退指示灯		Y5
			触摸屏上的横进指示灯		Y6
			触摸屏上的主轴电动机运行状态指示灯		Y4

图 10-12 为自动滑台机床 PLC、变频器与触摸屏综合控制系统中 PLC 内的梯形图。

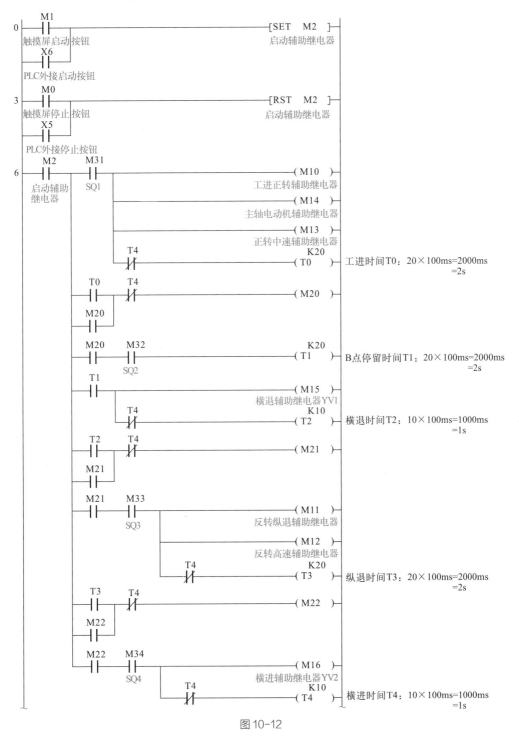

图 10-12

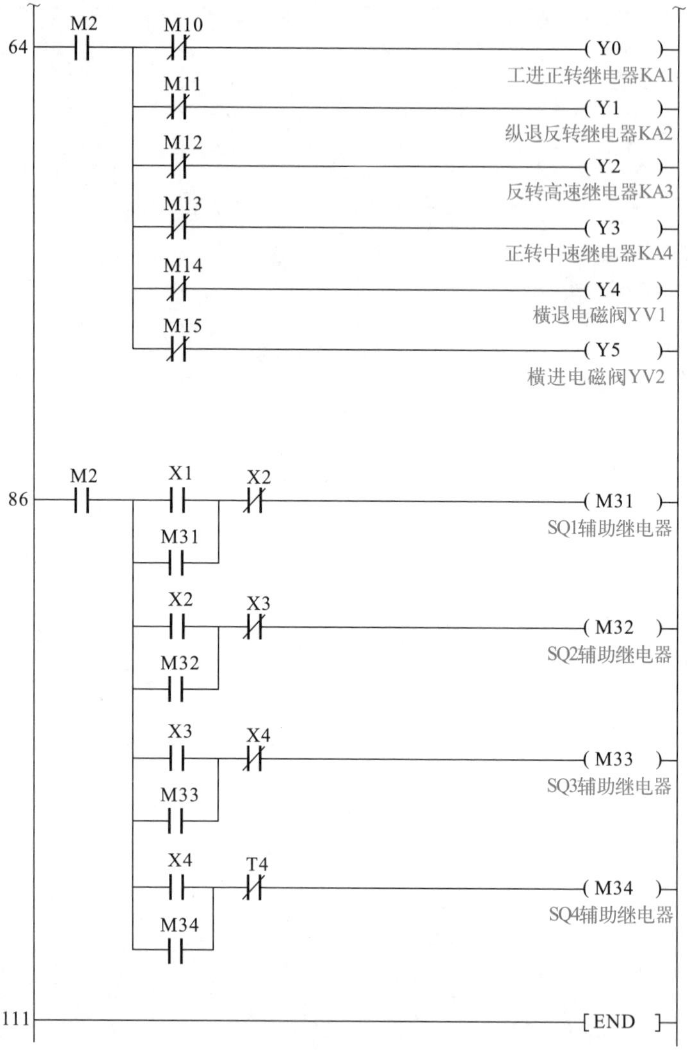

图 10-12 自动滑台机床 PLC、变频器与触摸屏综合控制系统中 PLC 内的梯形图

10.3.2 自动滑台机床 PLC 控制电路的控制过程

结合 PLC 外接的触摸屏和变频器分析 PLC 梯形图。图 10-13 为自动滑台机床 PLC、变频器与触摸屏综合控制系统的控制过程。

【1】滑台初始位于 A 点，当前状态下，SQ1 被压合。

【2】PLC 内的常开触点 X1 闭合。

【3】当按下启动按钮 SB1 或触摸屏上的"启动"按钮，向 PLC 内送入控制信号。

【4】PLC 内的常开触点 X6 或 M1 闭合。

【5】M2 置位，即使松开 SB1 后，M2 仍保持得电状态。

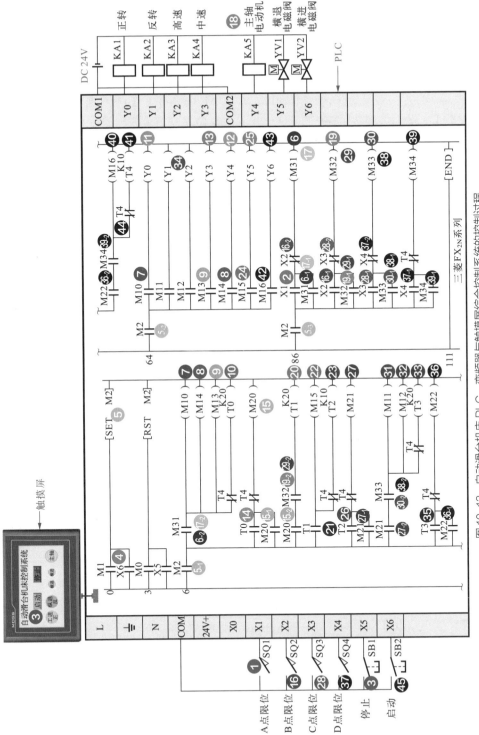

图 10-13　自动滑台机床 PLC、变频器与触摸屏综合控制系统的控制过程

【5-1】控制滑台动作的常开触点 M2 闭合。

【5-2】控制输出继电器线圈的常开触点 M2 闭合。

【5-3】控制限位开关辅助继电器的常开触点 M2 闭合。

【2】+【5-3】→【6】SQ1 辅助继电器 M31 线圈得电。

【6-1】自锁常开触点 M31 闭合自锁。

【6-2】控制 M10、M14、M13 和定时器 T0 的常开触点 M31 闭合。

【5-1】+【6-2】→【7】工进正转辅助继电器 M10 线圈得电，控制 Y0 线圈的常开触点 M10 闭合。

【5-1】+【6-2】→【8】主轴电动机辅助继电器 M14 线圈得电，控制 Y4 线圈的常开触点 M14 闭合。

【5-1】+【6-2】→【9】正转中速辅助继电器 M13 线圈得电，控制 Y3 线圈的常开触点 M13 闭合。

【5-1】+【6-2】→【10】定时器 T0 线圈得电，开始计时。

【5-2】+【7】→【11】输出继电器 Y0 线圈得电，控制 PLC 外接工进正转继电器 KA1 线圈得电，其常开触点 KA1-1 闭合，为变频器送入正转启动控制信号，工进电动机正向启动运转。同时，触摸屏上的工进正转指示灯点亮。

【5-2】+【8】→【12】输出继电器 Y4 线圈得电，控制 PLC 外接工进正转继电器 KA5 线圈得电，其常开触点 KA5-1 闭合，交流接触器 KM 线圈得电，其常开主触点 KM-1 闭合，主轴电动机（动力头电动机）启动运转。同时，触摸屏上的主轴电动机运行状态指示灯点亮。

【5-2】+【9】→【13】输出继电器 Y3 线圈得电，控制 PLC 外接工进正转继电器 KA4 线圈得电，其常开触点 KA4-1 闭合，变频器中速信号控制端送入控制信号，工进电动机正向中速运转。

【10】→【14】2s 后，定时器定时时间到，其常开触点 T0 闭合，滑台运行到 B 点。

【5-1】+【14】→【15】辅助继电器 M20 线圈得电。

【15-1】自锁常开触点 M20 闭合自锁。

【15-2】控制定时器 T1 的常开触点 M20 闭合。

【14】→【16】当滑台工进电动机运行到 B 点，限位开关 SQ2 被压合。

【16-1】PLC 内的常开触点 X2 闭合。

【16-2】PLC 内的常闭触点 X2 断开。

【16-2】→【17】SQ1 辅助继电器 M31 线圈失电。

【17-1】自锁常开触点 M31 复位断开。

【17-2】控制 M10、M14、M13 和定时器 T0 的常开触点 M31 复位断开。

【17-2】→【18】M10、M14、M13 线圈失电，控制 Y0、Y4、Y3 线圈的常开触点 M10、M14、M13 复位断开，继电器 KA1、KA5、KA4 线圈失电，其常开触点全部复位，变频器停止输出，工进电动机停止运转，触摸屏工进电动机指示灯熄灭。同时，

主轴电动机停转，触摸屏上主轴电动机运行状态指示灯熄灭。

【5-3】+【16-1】→【19】SQ2 辅助继电器 M32 线圈得电。

　　　　　　　　【19-1】自锁常开触点 M32 闭合自锁。

　　　　　　　　【19-2】控制定时器 T1 的常开触点 M32 闭合。

【5-1】+【15-2】+【19-2】→【20】定时器 T1 线圈得电，开始计时，此时滑台在 B 点停留。

【21】滑台停留 2s 后，定时器 T1 的常开触点 T1 闭合。

【5-1】+【21】→【22】横退辅助继电器 M15 线圈得电。

【21】→【23】定时器 T2 线圈得电，开始计时。

【22】→【24】控制横退继电器 Y5 的常开触点 M15 闭合。

【24】→【25】横退继电器 Y5 线圈得电，PLC 外接电磁阀 YV1 得电，滑台开始横向退刀，同时，触摸屏上横退指示灯点亮。

【26】1s 后，定时器 T2 定时时间到，其常开触点 T2 闭合，滑台运行到 C 点。

【5-1】+【26】→【27】辅助继电器 M21 线圈得电。

　　　　　　　　【27-1】自锁常开触点 M21 闭合自锁。

　　　　　　　　【27-2】控制 M11、M12、T3 的常开触点 M21 闭合。

【26】→【28】滑台运行到 C 点时，行程开关 SQ3 被压合。

　　　　　　　　【28-1】PLC 内的常开触点 X3 闭合。

　　　　　　　　【28-2】PLC 内的常闭触点 X3 断开。

【28-2】→【29】SQ2 辅助继电器 M32 线圈失电。

　　　　　　　　【29-1】自锁常开触点 M32 复位断开，解除自锁。

　　　　　　　　【29-2】控制定时器 T1 的常开触点 M32 复位断开，定时器线圈失电，M15 线圈失电，输出继电器 Y5 线圈失电，PLC 外接电磁阀 YV1 失电，滑台停止横向退刀，同时，触摸屏上横退指示灯熄灭。

【5-3】+【28-1】→【30】SQ3 辅助继电器 M33 线圈得电。

　　　　　　　　【30-1】自锁常开触点 M33 闭合自锁。

　　　　　　　　【30-2】控制 M11、M12、T3 的常开触点 M33 闭合。

【5-1】+【27-2】+【30-2】→【31】反转纵退辅助继电器 M11 线圈得电，其常开触点 M11 闭合。

【5-1】+【27-2】+【30-2】→【32】反转高速辅助继电器 M12 线圈得电，其常开触点 M12 闭合。

【5-1】+【27-2】+【30-2】→【33】定时器 T3 线圈得电，开始计时。

【31】+【32】→【34】输出继电器 Y1、Y2 线圈得电，PLC 外接继电器 KA2、KA3 得电，接在变频器控制端子外的常开触点 KA2-1、KA3-1 闭合，纵退电动机开始反转高速运转，同时触摸屏上的纵退反转指示灯点亮。

【35】2s 后，定时器 T3 定时时间到，其常开触点 T3 闭合，滑台运行到 D 点。

【5-1】+【35】→【36】辅助继电器 M22 线圈得电。

　　　　　　　　【36-1】自锁常开触点 M22 闭合自锁。

　　　　　　　　【36-2】控制 M16、T4 的常开触点 M22 闭合。

【35】→【37】滑台运行到 D 点时，行程开关 SQ4 被压合。

　　　　　　　　【37-1】PLC 内的常开触点 X4 闭合。

　　　　　　　　【37-2】PLC 内的常闭触点 X4 断开。

【37-2】→【38】SQ3 辅助继电器 M33 线圈失电。

　　　　　　　　【38-1】自锁常开触点 M33 复位断开，解除自锁。

　　　　　　　　【38-2】控制 M11、M12、T3 的常开触点 M32 复位断开，线圈失电，其相应触点全部复位，触摸屏上的纵退反转指示灯熄灭。

【5-3】+【37-1】→【39】SQ4 辅助继电器 M34 线圈得电。

　　　　　　　　【39-1】自锁常开触点 M34 闭合自锁。

　　　　　　　　【39-2】控制 M16、T4 的常开触点 M34 闭合。

【5-1】+【36-2】+【39-2】→【40】横进辅助继电器 M16 线圈得电。

【5-1】+【36-2】+【39-2】→【41】定时器 T4 线圈得电，开始计时。

【40】→【42】控制横进继电器 Y6 的常开触点 M16 闭合。

【42】→【43】横进继电器 Y6 线圈得电，PLC 外接电磁阀 YV2 得电，滑台开始横向进刀，同时触摸屏上的横进指示灯点亮。

【44】1s 后，定时器 T4 计时时间到，其常闭触点 T4 全部断开。滑台回到原始位置 A 点。受定时器 T4 常闭触点控制的继电器线圈全部失电，相应触点全部复位，定时器 T4 线圈也失电，常闭触点复位闭合，为下一个循环做好准备。

【45】滑台机床运行中，按下停止按钮 SB1 或触摸屏上的"停止"按钮，其 PLC 内常开触点 X5 或 M0 闭合，辅助继电器 M2 复位，其触点断开，滑台停止工作。